科学研究与创新

Kexue Yanjiu yu Chuangxin

戴劲松 王茂森 管红根 著

国防工业出版社

·北京·

内容简介

本书以作为大学通识选择修课教材为目的撰写而成。本书结合当前科学研究和技术创新前沿特点，在总结大量史实和实践经验的基础上，从探讨科学和技术的内涵、特点和相互关系出发、系统阐述了科学探索、技术创新的特点、动力和方法，分析了科学探索和技术创新的关系，讨论了实现科学探索和技术创新的思维方式和精神，以期培养读者的科学思辨能力和技术创新的能力。全书分为7个部分，第1章在讲解本书的目的和要求外，还讨论与科学技术密切相关的几个概念，为引出科学和技术的内涵和特点奠定基础。第2章讨论科学的广义含义和特点，探讨科学思维的培养和科学探索的含义。第3章讨论技术的含义和特点，探讨什么是技术思维和技术创新。第4章讨论科学和技术的关系，讨论它们与知识、智慧、文明之间的关系。第5章讨论科学探索与技术创新的动力。第6章讨论科学探索与技术创新的方法。第7章讲述有关科学探索和技术创新精神的内容。本书可作大学相关课程的教学参考书，也可作对科学研究和创新感兴趣的读者的有益读物。

图书在版编目（CIP）数据

科学研究与创新/戴劲松，王茂森，管红根著.—北京：
国防工业出版社，2015.10
ISBN 978 - 7 - 118 - 10384 - 7

Ⅰ. ①科…　Ⅱ. ①戴… ②王… ③管…
Ⅲ.①科学研究②技术革新　Ⅳ. ①G3②F062.4

中国版本图书馆 CIP 数据核字（2015）第 241818 号

※

国防工业出版社出版发行
（北京市海淀区紫竹院南路 23 号　邮政编码 100048）
北京嘉恒彩色印刷有限责任公司
新华书店经售
*
开本 710×1000　1/16　印张 10　字数 195 千字
2015 年 10 月第 1 版第 1 次印刷　印数 1—2000 册　定价 29.50 元

（本书如有印装错误，我社负责调换）

国防书店：（010）88540777　　发行邮购：（010）88540776
发行传真：（010）88540755　　发行业务：（010）88540717

前言

　　2010年夏，学校鼓励老师为大一新生开设研讨课题，综合培养学生的能力。在机械工程学院领导的支持下，笔者和王茂森、管红根老师准备结合科研工作的实际，开设一门新生研讨课。经过反复讨论，大家认为作为一线科技工作者，把我们平常谈及的有关科学研究和技术创新的思考与方法归纳成一门课程，给本科生特别是大一新生讲授。于是笔者就按"科学研究与创新"名称上报选修课并拟定了初步教学大纲，由笔者与王茂森、管红根老师共同开设。经过几个月的总结、收集与整理，汇总了数以百万字的各种相关资料，但却没能找到一本适合教学用的参考书，这给撰写教案带来了很大困难。经过多番查阅收集的资料，并与相关老师和同学们商量，最后决定按原来和老师、同学们谈及的相关内容为主线，利用收集的素材整理教案和教学用的PPT。

　　"科学研究与创新"课程教学内容受到了选修同学们的欢迎，原有的教案已不能满足教学的需要。近两年根据教学的情况适当增减了内容，特别增加了很多实例，以增强教学的效果。2014年，学校将本课程列为通识选修课程，并支持撰写教材。为了适应新的教学需要，我们三位老师决定在原来教案的基础上，汇入近两年新收集的素材，撰写本教材，以便于同学们学习。

　　该教材结合当前科学研究和技术创新的前沿特点，介绍科学研究和技术创新的特点、方法和动力，分析技术创新与科学探索的关系，讨论实现科学探索和技术创新的思维方式和精神，培养科学的思辨能力和技术创新能力。

　　全书分为7章：第1章除了讲解本书的目的、要求外，还讨论了与科学技术密切相关的几个概念，为课程学习打下基础。这几个概念分别是：知识、智慧与文明。它们与科学技术有着密不可分的关系：知识应为科学技术的表现形式；智慧则既可体现为科学技术的成果，也可成为科学技术的源泉；文明则是科学技术的展示。第 2 章在总结现有的一些资料并对科学概念描述的基础上，讲述了基于本书内容的科学的广义含义，并论述了科学的特点，探讨了科学思维方式和科学探索的相关内容。第 3 章同样在总结已有的一些材料并对技术概念的相关内容进行描述的基础上，明确了基于本书内容的技术含义，并进一步讨论了技术的特点，探讨技术思维、技术创新和技术能力的相关内容，进一步明确了技术创新与科学探索的不同。第 4 章讲述与讨论与科学和技术的关系。科学与技术密不可分，从知识的角度看表现为两个不同阶段的特征。有两种倾向对我们正确把握科学与技术关系不利，一种是将科学与技术混为一谈，不分彼此，另一种是将科学与技术彻然分开的观点。在此基础上，进一步讨论了科学、技术和人类知识的关系，探讨了科学、技术与智慧、文明的关系，以及它们在支撑个人能力形成中的决定性作用。第 5 章讲述与讨论了科学探索和技术创新的动力。科学技术无论是对个人还是社会都很重要，科学探索和技术创新直接推动着科学和技术的发展，那么又是什么样的动力推动着科学探索和技术创新呢？仅仅是因为它们重要或是别的？它们的动力是一样的，还是不一样的呢？其实这些问题不仅仅困扰着每个人，而且也是社会乃至人类所要面对的问题。本书从对未来的把握的角度、从社会的角度和个人的角度来探讨科学探索动力的问题；从需求与愿望、需求与科学、创新的验证等几个方面探讨技术创新的动力。第 6 章从方法的概念入手，从科学的边界、已知世界和未知世界、科学探索的一般过程来探讨科学探索的方法，从技术的制高点、新的需求和目标，以及技术创新的一般过程的角度探讨了技术创新的方法。第 7 章从精神的内涵入手，探讨科学探索和技术创新的一些主要的精神。有关科学探索精神的讨论和相关的文献也很多，不同的学科，不同的人，站的角度不同，出发点不同，对科学探索精神的具体内容的理解也有着差别，但有几点大家最常谈及，如客观和质疑、勇敢和坚持。同样关于创新精神的论述也很多，而且不同的学科、不同的人站在不同的立场上也有不同的理解，本书也只探讨创新与务实的精神、严谨与协作的精神。

本书适合于想了解与从事科学探索和技术创新工作的本科生学习与相关教师教学使用。

戴劲松
南京理工大学
二〇一四年十二月二十日

目录

第1章
与科学技术密切相关的几个概念

为了更好了解本书后续关于科学与技术的相关内容，应先了解与科学技术密切相关的几个概念。即：知识、智慧与文明。它们与科学技术有着密不可分的关系：知识应为科学技术的表现形式；智慧则既可体现为科学技术的成果，也可成为科学技术的源泉；文明则是科学技术的展示。

1.1　知　　识

"知识"是人们在生活学习中常用的名词，但不同的学科对知识的概念有着不同的解释。现代网络技术应用十分普及，只要搜索就可得到不同的解释。

如维基百科对知识是这样解释的："知识是对于某个主题确信的认识，并且这些认识拥有潜在能力为特定目的而使用。意指透过经验或联想而能够熟悉进而了解某件事情；这种事实或状态就称为知识。"

而百度百科上对知识的解释为："知识，是指人类在实践中认识客观世界（包括人类自身）的成果。它可能包括事实、信息、描述或在教育和实践中获得的技能。它可能是关于理论的，也可能是关于实践的。"

传统关于知识的定义认为知识具有三个特征，即被证实的、真的和被相信的。也有人认为知识非常难以精确定义。所以时至今日，关于知识的定义仍然存在不少争论。这些争论对个人的认知观乃至对科学技术的理解都会产生重大的影响。为了本课程的教学，以便更好理解科学和技术的概念，本章从课程的意义上去明确知识的概念，进一步研究其特点。

人们常说"知识就是力量"。一个人从懂事开始便学习知识，常说"活到老，学到老"。再来详细观察一下我们所在的世界，除了自然界和我们人类以外，周围还充满各式各样的劳动产物，如房子、车子等，其中不乏标志或记忆人类意识的产品，如书籍、音像产品，甚至于道路的指示牌、户外的广告等。而互联网的飞速发展，使人类在表达意识、记忆意识，并以此为工具和媒介扩散并传播个人的意识等方面有了巨大的飞跃。即使现在，意识仍然只是潜行于我们的体内。若不以语言、文字、符号乃至动作表现出来，我们谁也不能明白别人的想法。这些都为明确知识的概念提供了线索。

因此知识一定是可表现出来的，是可以学习的，是可以传播和流传的。照此理推，知识可以理解如下：

知识是将人的所感所知等意识，以语言、文字、图形、符号、音像等客观存在的交流媒介来保存，并让掌握同样交流方法的他人准确了解。

知识的核心在于两点，首先知识是个人意识在客观媒介上的记录与表述，这样知识的流传主要依托于这些媒体的流传与传播，而不取决于形成知识的个体；第二是掌握同样交流方法的他人准确了解，这样才能学习与掌握知识，而对于知识来讲，表述的语言、文字、约定的图形、符号等也是构成知识的核心之一，知识的传承也在于其表述语言、文字、约定的图形、符号等方面的学习与掌握。

从某种意义上看，生命体遗传信息就有类似于知识的地方。生命体的每个单体或每个细胞都刻画着来自上辈传自远古，表征自体生长、繁衍，适应环境的遗传信息，在繁衍的过程中，可能经过适度的重新组合而遗传给下一代。下一代从显现的瞬间开始，伴随整个生命的旅程都有序解读并按此作为，再经繁衍，周而复始。只是我们人类的双眼还不能完全读懂这本由遗传密码所书写的"书"，但在生命的繁衍和成长的过程中，自会读懂并应用。每本"生命之书"都包含生命源于远古的信息，每一个物种都拥有一本独一无二的"生命之书"，也许其中就包含某种在整个生命发展历程中解开某种危机的"钥匙"。所以保护环境、保存生命的多样性，就是保护人类自己，是生命演化的使然。这是"生命的知识"，或许也是"宇宙的知识"。

知识是人类可以传承，并赖以发展的重要财富，是人类劳动的重要结晶。保护与传承知识是人类社会的核心职责之一，任何毁灭知识的行为，都可能对人类的发展与延续造成危机，都是对人类劳动的极大浪费。

任何一种知识都可以追根溯源，其原创为某个具体意识活动的记录或表述，一个正常的社会对知识的原创都会保持尊重，但在知识的应用和传承上总会小心翼翼。任何个体，只要勇于正视自己的意识活动，严肃地记录下来，并能让他人准确了解与掌握，都可形成新的知识。知识很像每个意识活动所绽放的美丽花朵，是在当时的自然、历史和社会环境中孕育的，每一朵花朵同时也是当时人类劳动的精华凝聚。从某种意义上说，知识是人类永续传承的财富。

知识是当时历史条件下个体意识的记录与表述，可以体现个体意识在当时历史条件下的各种可能性，在当时历史条件下可能是对的，也可能是错的；也可能在当时看起来正确，但后来证明是错的；也可能在当时被人误解，认为是错的，但在以后的某种条件下却证明是正确的。知识正误的判定始终是困扰人类社会的难题，历史上的很多事件证明，简单粗暴地判定知识的正误、盲目销毁自以为的"异端学说"，可能是人类文明的灾难。因此，知识传承最好的办法是尽可能完整准确地将当时条件下产生的和承接前人的所有知识传承下去。主观的愿望是力图将正确的知识传承下去，但不能失去任何一个成为正确知识，或未来成为正确知识的提示或引导。

知识的传承力求完整准确，但知识的应用却需格外谨慎。正确的知识可以促进个人的发展与社会进步，不正确的知识应用却会带来相反的结果。正确的知识是知识的核心。什么是正确的知识？这就是本书后面要细述的科学与技术。知识总是与智慧紧密联系在一起，但知识与智慧有什么关联，又有什么区别，对我们进一步了解科学与技术也是至关重要的。

1.2 智　慧

如同知识的概念一样，智慧虽是人们常说的词，但不同的学说，甚至不同的人对其都有不同的解释、不同的理解。维基百科和百度都给出了智慧的"狭义"定义，即智慧是高等生物所具有的基于其神经器官的高级综合能力。智慧可以让人深刻理解所处的自然、社会和历史现实，思考现在、过去和未来。

梵语中的"般若"其寓意也与智慧相似，通常也可理解为佛家中的大智慧，但多是对其概念的实质用实例意为引申，而不作准确细述。

上面所说的智慧，又与我们日常所说的智慧有所不同。如前面所说，如果意识潜行于个体的体内，若非通过言语、知识等意识的外显，我们将很难了解别人的想法，也更谈不上沟通。同样如果仅将智慧限于一种意识活动的能力，那么它与意识本身又有何差别，我们又如何判定智慧还是不智慧。而我们在日常生活中看其个人、某件事做得是否智慧时，并不是看当事人或主事者是否具有这样的能力，而是通过这个人以往做事的表现或事件的结果来判定。因此，在日常生活中，对智慧的认识具有很高的共识，智慧并非是高深莫测的一种抽象概念。在本书中，我们据此来明确智慧的概念。

可以从以下三个方面来理解智慧。

第一方面，智慧通过完成的事件展示出意识个体或群体的能力；第二方面，智慧展示出意识个体或群体与其所在自然、社会相互作用的程度；第三方面，智慧展示出意识个体或群体科学认知的范围和技术所达到的高度。

没有虚无的智慧，也没有不可实证的智慧。智慧一定是通过某个事件的结果表现出来的，这个结果可以是一次战争的胜利、一次活动的举办完成、一架飞机的制造成功、一次探险的归来，也可以是一件精美器物的完成、一件上古文物的发现，等等。凡是智慧，一定是通过某个事件的结果展示出来的，只要愿意了解的人，都可以通过不同的方式接触到。事件的结果在当时自然与社会中的种种留存和痕迹，从不同的方面可以印证事件发生的真实性，同时也可以从不同角度理解与判定其智慧。

常说"不以成败论英雄",同样智慧也不完全体现在成功的事件中,在失败事件的经验中,同样也可闪现出智慧的光芒。但从人类发展的过程中,同一目的事件,在成功之前往往会经历大量的失败,失败的经历常常难为人所知,也难考究,只有当事者更清楚其中甘苦。从另一方面讲,事件在成功之前,也难被社会认同和关注。这使得人们自然地从成功者的身后去理解判定智慧。

对个人来讲,证明自己的智慧的最好方法,就是踏踏实实地做成自己应做的一件件事,通过每一个成功的小事情去证实自己的智慧。对学生来讲,在每次考试的优秀,学习好的同时,保持身体健康,同时还培养高尚的道德情操,都可体现出自己的智慧。

我们佩服有智慧的人,把他们作为榜样,努力学习他们。那么我们究竟学习智慧的哪些方面?智慧是不是能重复或复现在自己身上呢?智慧与科学技术又能有什么关系呢?我们了解智慧首先是从事件上面体现出的当事者的能力,这个能力是多方面的,既可是思辨的能力,也可是动手的能力,既可是组织协调的能力,也可以是执行完成的能力,等等。但这些能力中最关键的是体现出的事件成功过程中的新的能力。我们不妨把能力分为两大类。一类是以天性为基础的自然本能,另一类是通过长期学习与练习培养的能力,也就是后面章节中要讲的技术能力。自然的本能更多的是理解,而技术能力才是我们能学习掌握的,我们将在后面的章节中进一步讨论。

理解智慧的第二方面是要从事件发生当时当事人与其时的自然、社会等客观存在的相互作用关系入手。由于人类对自然、社会等客观存在的认识总是有限的,不同时期的客观存在有其时代的特殊性。在很多的成功事件发生时,都会有当事者事前没有预计到的因素发生,影响甚至主导事件的发生、发展及结果。这些偶然性的因素却是后人研究事件最迷人的地方。看似偶然性的因素往往是人类在当时条件下尚未认识到的客观规律,可以成为其后科学技术之源。同时也是偶然性因素的存在及其在事件成功过程中可能发生的巨大影响作用,使得很多成功的事件只会在当时的条件下发生。我们去理解智慧,不能只希望奇迹的再次发生,而是应深入了解奇迹发生的原因,找到我们未解之处,以期成为科学技术的新发源点。

理解智慧的第三个方面是了解事件当时科学认知的范围和技术达到的高度，学习其中所包含的科学技术知识。只要明确为科学技术，则是我们能学习、掌握并可应用的，这是智慧绽放出最灿烂光芒的地方。人类小心翼翼保存自己的遗迹，保护每一件珍贵的文物，很重要的一个原因是在这每处遗迹、每一文物的细节之处，都体现着当时的科学与技术，是人类实现知识传承的重要工具和实证。如前面所说，知识的正误之别始终是困扰人类的重大难题，验证正确的就是我们所说的科学技术。而受个人的精力和经历的限制，受时代及所处环境的制约，我于们来说不可能验证所有接触到的知识，任何已被验证为科学与技术的知识，对于我们来说都弥足珍贵。因此任何可以实证知识为科学技术的凭据都是可贵的。

1.3 文　明

与科学技术相关的概念还有很多很多，不可能也没有必要去罗列，但对于文明这一概念还是有必要进行说明的。文明是个人和社会所掌握的知识和拥有的能力在其所存在的客观环境中的所有体现，是人的物质与精神的总和。

可以从两个层面理解文明。

第一个层面是从个人的角度来看。文明可以看成是所拥有的知识和能力在其所在的自然与社会环境中的表现、影响与作用。知识主要是通过学习获得的，而其中真正能起作用的是科学与技术，而能形成能力的是技术。从生命的个体来讲，其本能的差别并不大，是知识和技能的差别使个体间产生了巨大的差异，形成不同分工，在社会上扮演不同的角色，协作劳动，创造财富，使个体在现实的环境中存在、发展和传承。如果说知识给人以想象的能力，那么科学就赋予个体正确认知的能力，而技术则赋予个体劳动的能力。想象停留在个体的意识中，最多能以知识的形式表现在相应的媒介上，需要注意的是，即便是要把想象表现为知识，也需要相应的技术能力作为支撑。正确的认知能力，可以使我们了解事物的本质，预料可能面临的危险，构筑新的技术，指引新的发展方向。技术则可以使我们掌握实际的劳动能力，通过劳动去实现自己的目标。因此，科学与技术在个体文明的展现中起着核心支撑的作用。这里说的科学技术是广义的，其定义与特点在后面的章节中再细讲。

第二个层面是从社会的角度来看。需要注意的是，社会本身就是由个体构成并高于个体的一种客观存在，它有它自身的运行规律和特点，对社会的认识与了解也是个体生活在社会中的一个重要方面，其难度也远远大于对自身的了解。前面已经讲了，个人依据自己掌握的知识和拥有的能力承担社会分工，扮演合适的角色。自然可以想到，除社会存在的客观自然环境及组成的人外，还有大量人类劳动的产物。这些产物中除了满足所有成员日常生活所需之外，也还有大量知识的产物。在社会中的知识除了每个个体所学习掌握的知识外，大量的知识是以媒介的形式保存在生活的不同地方，并且还建立有承担知识传承职能的专门教育体系。在自然环境相似、组成个体总量及年龄分布相当的前提下，社会文明的差别将体现在社会所拥有的知识和能力的差别上，而知识和能力支撑的核心同样是科学与技术。技术标志着一个社会文明的能力，而科学标志着一个文明的正确认知，预测未来危险的能力。同样知识也可表示一个社会的想象能力。任何想象必有现实的投影，是社会从已知现实到未知世界的假设和揣度。至少存在的问题没有得到实际的解决之前，想象可以提供心理的慰藉和对未来探索的某种参考。一个能达到社会共识的想象可以凝聚社会的力量，其本身就会影响社会的运作和发展。如果这种想象能被证实为科学，就可以构筑新的技术体系，而社会可以获得新的能力，从而推动社会文明的发展，反之则可能造成相反的结果。科学探索和技术创新是推动文明发展的核心力量，同样社会文明也必然是当时科学与技术成果的展示。

生命个体的寿命都是有限的，生命通过遗传信息代代相传来实现物种的延续和对环境的适应。而文明则是通过知识的传承来实现文明的延续，其核心为科学与技术的传承。

第 2 章

科　学

　　"科学"是人们常谈及的名词，与前面提到的知识、智慧等概念一样，人们反而不太细究概念的准确含义。每个人的立场不同，对概念的理解不尽相同，容易产生歧义。为此，为了保持本书思路的清晰，对包括科学、技术等概念都给出了本书的理解，而不是企图去规范概念。

2.1　科学的广义含义

　　每个人的学科研究领域不同，看事物的角度不同对科学概念的理解也不尽相同。所以要从更广的范围上去理解科学的含义，如此才能更好地把握科学的特点，为进一步明确技术的概念和特点奠定基础。

　　我们先看看关于科学的一般定义。维基百科关于科学的词条解释为："科学包含自然、社会等领域，如物理学、生物学和社会学。它涵盖三个方面含义：①观察：致力于揭示自然真相，而对自然做理由充分的观察或研究（包括思想实验），通常指可通过必要的方法进行的，或通过科学方法——一套用以评价经验、知识的程序——进行的。②假设：通过这样的过程假定组织体系知识的系统性。③验证：借此验证研究目标的信度与效度。科学知识指覆盖一般真理或普遍规律的运作的知识或知识体系，尤其指通过科学方法获得或验证过的。科学知识极度依赖逻辑推理。"

　　中国很早就有"科学"一词，但从唐朝到近代是"科举之学"的缩略语，与现代的含义不同。"科学"一词是近代日语中对英语"Science"的译文。而从日本幕府末期到明治维新时期"科学"常作为"分科的学问"使用。中国按现代词义使用"科学"的，可追溯到康有为的《日本书目志》中列出的《科学入门》和《科学之原理》。辛亥革命时期，还有用"格致"表示与"科学"相同的含义。在民国时期，通过中国科学社的活动，"科学"一词才取代"格致"。

从百度百科对科学的解释，也可以看到科学概念发展的痕迹。百度百科解释如下："科学，原指分科而学的意思，指将各种知识通过细化分类（如数学、物理、化学等）研究形成完整的知识体系，是关于发现、发明、实践的学问，是人类探索、研究、感悟宇宙万物变化规律的知识体系的总称。"

《现代汉语词典》2002 年增补本对"科学"的解释为："①反映自然、社会、思维等的客观规律的分科的知识体系。②合乎科学的。"《辞海》1979 年版对"科学"的解释为："科学是关于自然界、社会和思维的知识体系，它是适应人们生产斗争和阶级斗争的需要而生产和发展的，它是人们实践经验的结晶。"而《辞海》1999 年版则重新解释为："科学：运用范畴、定理、定律等思维形式反映现实世界各种现象的本质的规律的知识体系。"法国《百科全书》解释"科学"为"科学首先不同于常识，科学通过分类，以寻求事物中的条理。此外，科学通过揭示支配事物的规律，以求说明事物。"苏联《大百科全书》解释"科学"为"科学是人类活动的一个范畴，它的职能是总结关于客观世界的知识，并使之系统化。'科学'这个概念本身不仅包括获得新知识的活动，而且还包括这个活动的结果。"

当然，对科学的解释还有很多，这里不再罗列。综合这些解释，除了古老的"科举之学"和近代的"分科而学"的字面含义外，从广义上讲，科学主要包含了两层含义：①科学反映的是客观世界的变化规律；②科学是知识。因此，我们不妨从广义的角度这样理解科学：

科学是表示人类对客观存在及其运动规律正确认识的知识。也可形象理解为科学是客观存在及其变化的规律，透过人的五官的感觉，再经过意识的思考整理，准确表述为知识，而这样的知识可以为他人学习和掌握，并可按其表述的条件验证其表述结果的正确性。科学的表述应该是准确、清晰、无歧义的，在同样的条件下，所描述的现象、结果与客观实际吻合。同样，只要我们以技术手段复现科学的条件，必然会得到一致的现象与结果，从而将这种现象与结果用于实现人的新目标，这也就是后面还会细讲的技术创新的实现之路。科学是知识，因此科学必然能准确保存在媒介上，并让掌握同样交流工具（即我们常说的专业的术语、公式、符号等）的人学习、理解并应用。

科学既然是验证了的正确知识，任何一点一滴的科学对人类来讲都是非常可贵的，任何即便是远古的科学，对我们现在仍然是有用的。科学是没有先进与落后之说的，只有新的科学与原有的科学之说。新的科学可以包含原有的科学，只是在描述同类现象与规律时，其成立的条件可以涵盖原有的科学。原有的科学并非不再有用，而在其原有的条件下仍是成立的，证明新科学的一个重要的前提是在原有条件下，其结果与现象必然与原有科学一致。如果在所谓的"新的科学"与"原有科学"在同一条件下出现了不同的现象与结果，只能说明二者中必然有一个根本就不是科学，甚至两个都不是科学。科学是不能淘汰的，只要是科学，在其表述的条件下，都会发出永恒的光芒。我们常问，什么能永久保存人类的劳动？是金银珠宝，还是文物古迹，或是我们建设的宏大工程？都不是，能保存人类劳动并代代相传的，是科学。

我们在前面列出的有关"科学"一词的其他解释中，有很多都强调科学的系统性。我们平常也习惯于科学似乎就应该是一门一门的学科。这也许是不以"格物致知"的缩略"格致"而以"科学"来表示我们说的科学概念的结果吧。但应该看到科学的产生本身并未要求刻意的学科分类。学科分类从另一个层面看，应是一个技术行为，即我们如何用准确的术语、公式、符号乃至图形等，来准确描述科学，传授和学习科学。后面我们讲技术时，就会更明白这一点。因此，我们不能以现有的学科及其分类去限制科学，而是要在面对新的科学时，及时采用最合适的术语、公式、符号、图形等来准确描述新科学，并传授、学习之，这可能就会自然而然产生新的学科。人类社会教育的一个重要目的就是要动用社会现有的手段和资源尽可能将人类至此所获得的科学保存、传承下去。

2.2 科学的特点

前面讨论了科学的广义定义，根据广义定义可以来研究科学的特点。科学的特点和人类社会中的特性和准则密切相关，与培养正确的人生观和价值观也有密切的关系。科学的特点可以概述为 4 个方面，即：①客观性；②验证性；③传承性；④局限性。

下面就逐一分析讨论这 4 个特点。

2.2.1 客观性

可以从两个方面理解科学的客观性，一方面，科学具有和知识一样的客观表述和存在，另一方面，科学表述的对象是客观的。

首先来看第一个层面、科学是知识，必然可以用相应的语言、术语、公式、符号、图形等记录在客观存在的媒介上，并可通过媒介保存与传播。随着人类技术的进步，媒介的形式和记录的方式都有巨大的进步，日益多样化和直观化，如通过数字媒体以音像的方式直接记录并展现，通过互联网可以前所未有的速度复制、扩散。这一层面的内容与科学的传承性也密切相关，我们将在后面细述。

另一方面即科学表述的对象是客观存在的，并且科学是正确的。这是科学独有的。反过来说，任何知识只要以客观存在为描述对象，并且是正确的，那这样的知识就是科学。科学描述对象的客观存在性，决定了其描述的条件、现象和结论必然存在于现实世界。因此，科学是不能被发明的。我们只能通过对未知世界的不断探索去获取新的科学。未知世界的真实现象会完全超出我们的想象，超出我们认为的逻辑与推理，但是它自有其道理，这个道理就是我们将要发现的其运行规律。我们现有的逻辑、推理，实际上是基于我们认识到的科学，只对于我们认识的已知世界来说是成立的。基于现有科学通过逻辑和推理仍然还是囿于我们的已知世界，但却能实现我们的新目标和新能力，发明创造出原来客观世界没有的事物，这就是后面我们要讲的技术。

科学来源于人类对未知世界的探索。而我们对现实客观存在的一切的认知也是有限的，不论是自然、社会，还是我们自身等，从宏观的尺度，从微观的尺度，从时间的流程，从相互作用的机理等方面，我们所知的都是局部和片断，任何一个人都有可能在生活、工作中接触到未知世界，从而形成每个人独特的人生。科学探索是全人类共同的事，任何一个人，只要勇于正视自己感触到的未知，如实记录下当时的所感所想，这对人类来说都是极为可贵的知识。如果这种知识能被进一步完善并验证是正确的，那就是新的科学。科学源于全人类的点滴实践，并非少数人的工作。我们应该尊重每一个人，因为每一个人都有自己独特的人生，每一个人都可以将自己的独特经历以他人可以理解的方式表达出来、记录下来，其中每点每滴都是人类珍贵的知识。我们尊重每一个人，让每一个人都可以有机会把自己的独特经历表达并记录下来，这样的知识才具有独特性，而且很有可能成为新的科学，进而可能形成技术创新而提升人类的能力。因此在任何时候，试图用已有的知识甚至科学去盲目否定、打压别人的声音、经历，都是不符合人类发展方向的。勤于实践，勇于实践，在实践中发现问题，是人类新知识产生的途径，是新科学产生的途径，也是我们力量产生的途径。

科学的客观性要求体现民主的精神，但这里讲的的科学的民主。科学的民主并不是个体和群体欲望的诉求。从人类的发展过程来看，欲望的诉求如何处理好，始终是一个难题，有两种截然相反的观点，一种看法是应张扬，而另一种是应压制，但从结果上看，凡不是基于科学客观性的，都会造成不好的后果。历史上的无数事件证明，当这种想象力扩展成为人的欲望后，任何力图想把这种欲念付诸实际的行动，缺乏科学与技术的支撑都可以造成严重的破坏作用，反过来一味压制，也由于缺乏科学技术的支持造成人性的缺失，甚至于社会群体的退化。再看一看，在同一时期、同一自然环境的同一社会，由于知识的总量是有限度的，因此在接受同样教育的条件下，其想象力看似千差万别，但实际具有很强的同质性，能够把握住的还是科学与技术范围内的已知世界，看似对欲念的追求，最后也只得转化为现实已知世界的博弈甚至争斗。当然这种博弈与争斗有时无意将人们带入了未知世界，要在这个未知世界生存下来，也迫使当事者平静下来，按科学的客观性来认真观察理解当下的客观存在，直到上升到科学才能正确认知未知世界，把未知转化为已知，然后上升到新技术才能解决所面临的问题。这个过程虽然也推动个人或群体的发展，但却是被动的、充满艰辛与血泪的，甚至是牺牲生命的。常常是事情结束时，发觉所孜孜以求的，不过是南柯一梦而已，获得的却不是所想要的，而其后果和影响是事先完全无法预料的。如果在未知的世界中仍不能保持客观冷静，除了天性中的偶然巧合取得一时的意外成功外，其最终的结局不言而喻。

因此科学的民主不是要顺应欲念的诉求，而是要求每一个在实践中接触到未知世界的成员都有权利与义务把对未知世界的所感所想真实、客观地以其他成员可以与之交流沟通的方式告诉大家，同时也要以坦荡之心，让他人检验之。同样其任何成员也有义务与权利听取别人的真实见闻，切不可以己未见的嘲讽之、轻弃之，以超出自己的知识为由而否认之、打压之。但也不可立即采信之，应抱开放之心，及时验证，促使其成为科学，方可应用。科学的民主是要发挥所有实践成员的主观能动性和积极性，及时发觉前进过程中未知世界的任何危险和机遇，可以最大限度地保护整体的安全，寻找到最好的发展契机。同时只要是客观的，我们在同一条件下、同一角度上看到的必定是同一现象，而且从不同的角度可以验证并更全面了解，这一切并不以我们的意志和知识的差异而转移，可以达到认识上的高度一致，形成集体的合力，调动已有的最大资源和力量，促使新科学的诞生和技术的创新，最终克服前进道路上的困难，实现整体的最快发展。

2.2.2　验证性

前面已经讲过，如何确定一个知识是否正确、是否是科学，始终是困扰人类的一个难题。科学之于人类的珍贵怎样说都不为过，为了不遗漏任何一点一滴的科学，不遗漏任何一点可以成为科学的知识，不遗漏任何一点可为新科学诞生提供提示或灵感的可能，人类总是尽最大可能将已有的知识传承下去。但知识的应用却需要格外谨慎，只有正确的知识才可能实现预期的目的。

而科学的验证性为我们检验一个知识是否是科学提供了有效途径。所谓验证性可以从这样几个方面来理解。

首先是知识所确定的条件是明确的，是现实客观世界所能观测到或能以某种技术手段复现的条件。观测也不仅限于我们的五官，更多的是通过技术的手段观测到。通过技术手段观测与我们自身感觉的最大差异在于技术手段可以为我们建立一套可以精确度量的测量方法，其范围可以完全超出我们体感能承受的范围，只需将测量的结果转换为我们可认知且公认的度量值。而我们自身的感觉往往没有准确度量，即使在同样条件下，因为我们个体之间的差异——甚至自己身体状况的差异——都会有所不同，因此随着科学与技术的进步，不仅是条件的确定，以至后面对观察的现象和结果的量度都更多依赖于我们现有的技术手段。

其次，知识所表述的对象必为客观的存在。当我们按知识所表述的条件，以不同的技术手段满足条件后，则知识所表述的对象必为可察。科学表述的对象可察与否，只与确定的条件相关，体现了科学公平性的原则，也使科学朴质和真实。科学表述的对象不以我们的个人意志、个人好恶而转移，在客观对象的面前，应保持平静与公允，仔细观察。

第三，在确定的观察时段内，所观察的现象及结果是明确和公认的，并且与科学所表述的现象与结论一致。不论采用何种手段来观测对象，手段本身存在一定的误差，存在一定的不确定因素。因此，当我们观察对象时，要积累充分的数据，尽可能在排除误差及不确定因素的影响后来评定观测结果与知识表述的一致性，若为科学，则为一致，反之则不是。

从前面的论述可以看出，由科学的验证性所确定的科学的重复性，即在技术条件满足后必然可重现科学的现象及结论。这种重复性也正是科学构成技术的基础。

在科学的验证性中，要注意科学并不在于其是否系统化、理论化，任何一点一滴的验证，都可应用成为构成技术的组成部分。在人类的发展历程中，曾建立过很多的理论体系，其中有很多理论时至现在仍然无法验证，无法证明其科学性，但应看到在这些理论体系中，却有很多细碎但实用的知识描述。在实际应用中，人们也并不太在乎这些细碎实用的知识是否完全符合其尚无法验证的理论体系，而细碎实用的知识在实践中再被应用并验证其有效性，而使其理论体系被保存下来。在这个意义上，该门学科的科学性还没有到达系统理论的阶段，只停留在细碎知识的阶段。但不能以其系统理论无法验证而全面否认该学科，准确把握其可验证的科学层面的点滴知识即可。

所以在判别科学时，不能以其看似十分完美的理论体系而以为其科学，也不能以任何微单的知识能得到实证而忽略。当以技术实现重现后，则可进一步观察在一定条件下其结论是否可靠和参数变化对其结论的影响，深化与完善科学表述的内容，以此形成对技术应用的支撑。

应该看到，受诸多客观因素的限制，我们对某一科学知识的验证范围和程序是有限的，获得的数据结果也是有限的。科学研究的任务，不仅仅是这些孤单散落数据或结果的罗列，而是从这些数据或结果中，总结出其变化的规律，并以相应的公式、定律来更准确地表述，更便于在技术实践中应用或对客观表现进行预测。这就是科学研究由实验到理论的过程。但在理论化的过程中，一定要注意其成立的条件。任何超界都必须在验证后方能说明理论在新的条件下成立。

2.2.3 传承性

科学是知识，知识是可以传承的，科学因此也是可以传承的，而且还是知识传授的重要核心内容之一。所谓传承是指科学虽为个体所发现、所总结，但却不能因为个体的有限生命而存在或消亡。科学是用语言、文字、公式、符号、图形，甚至模型、动画等，可呈现记录在媒介上，如书籍、光盘、硬盘、胶片等，并且让掌握同样交流工具或手段的他人可以准确地理解和掌握。

科学的传承性体现在两个方面。一方面科学一定能以人类某种有意识的交流、记录的方式或工具被记录在能够客观存在的媒介上。从人类发展史来看，人类文明的发展，总伴随着人类记录知识的技术手段的进步。技术手段的进步使人类记录知识越来越方便，整理和复制知识越来越方便、快捷，知识通过媒介的传播和流通越来越广泛和快速，人们获得知识的途径也越来越多样化，同样也提供了科学保存与传播的条件。另一方面是理解掌握科学所要求的语言、文字、术语、公式、符号等，以及交流工具应用能力的培养。而这个方面通过人类社会的教育系统，从基础教育到高等教育等不同阶段的教育来完成。

至今，我们对意识的过程仍不能完全清楚，对通过学习知识到能力培养、形成的全过程的把握仍是有限度的。在后面我们可以看到，社会可建立明确的技术技能培养的技术体系来完成相适应人群的技术能力培养的目标，但在现有技术能力培养体系之上的能力，如技术创新能力、科学探索的能力，却很难通过常规的手段去培养，只能在现有技术能力培养的基础上，通过自我意识的升华与实践来提升。

所谓技术创新能力，是指个体位于技术前沿，引领新的技术发展，实现一定人类社会或群体拥有更高技术能力的能力。而科学探索的能力则是指个体站在人类科学的前沿，而对未知世界探索求真，形成新的科学的能力。这两种能力是引领人类社会发展的核心能力。我们常说的人才，很大程度上就是指具有这两种能力的人。技术创新能力后文有述，这里先讲科学探索能力的培养。

从时间的维度上来看，至少在目前，人类社会由现在向未来发展，由已知向未知的世界前行。对未来的担心贯穿于人类文化的发展历程中，而真正能点亮希望的火炬、指引前进方向并带领我们前进到未知世界的应是奋战于面对未知世界第一线的科学探索者。这里的科学探索的对象同样也是广义的，是指包括自然、社会等一切客观存在，从过去、现在到未来的所有未知世界，而从现在到未来又是人类必须面对的。从这个意义上可以看到科学探索能力对于人类社会发展的重要性。科学的传承性不仅仅是对已有科学的继承，更重要的是发展，而发展的核心是对科学探索能力的培养。

人类的发展历史一再证明，人的科学探索能力的培养，既与现有知识的学习相关，也与其本身的特质相关，还与其经历和实践相关。任何企图把知识圈于少数人的圈子里、把知识当成特权的思想对科学探索能力的培养都是极其不利的。当把握知识的阶层与团体距实践越来越远时，知识离科学也越来越远，社会面对未知挑战和危机的能力也就越退化，其结果显而易见。对于中国的高等教育来说，情况也一样。

因此，科学的传承性要求社会尽可能广泛公平地让社会的每个成员都有同等的机会接受科学教育，鼓励实践并依个体特性的差异去实现科学探索能力培养的最大化，从而最大可能地保障社会发展的安全。当然我们不能希望每个人都具有很强的科学探索的能力、每个人都去当科学家，整个社会要能培养极少数的先锋承担此任，起引领作用。其他技术能力——特别是技术创新能力——培养仍然非常重要，后面还会进一步论述它们之间的关系。

我们不需要每个人都去当科学家，但培养一定的科学探索能力却是很有用的。因为每个人只要勤于实践，都可能在自己所专注实践的方向接触到未知世界，都可开展探索，使点滴之用成为知识，在实践验证后，也可成为科学，继而成为技术，提升社会的能力。

2.2.4　有限性

人们在生活工作中总会遇到这样或那样的困难和问题，有些能解决，有些不能解决；人们通过各种手段接触到新知识，特别是互联网的飞速发展，极大加快了知识的传播速度和更新新知识的便利。知识给人们插上了想象的翅膀，使人产生无尽的理想与愿望。现代教育使我们明白这样一个普通的道理，人们应该通过科学与技术来认识问题、解决问题。有意无意中，人们在想象的空间里，把科学的作用发挥到极致，这在很多的科幻小说中体现得淋漓尽致。

我们可以在日常生活中看见或者听闻某处发生了暂时难以解释的神奇现象，有人凭借想象很容易与鬼神联系在一起，形成想象中的解释。由于一定人群在同一时代对知识的学习和接触具有相似性，这种想象的解释可引起该类人群的共鸣，激发出相似的愿望诉求，并可能形成表示这种共同愿望诉求的某种仪式或活动。然而对这种活动不加约束，任其发展的话，可能会对社会造成危害。解决这类问题、避免可能的危害，同时教育受迷惑群众的最好办法，就是寻求这种神奇现象的科学解释。很多的实例一再证明，当找到科学依据时，一切就变得很质朴、很真实，一切虚无的光环瞬间消逝。如果这种现象真是以前没有发现的全新现象，这对于人类来讲将是一次极好的探索机会，可以借此建立新的科学，促进人类的发展。

一旦给科学插上想象的翅膀，使它脱离了技术的支撑、脱离了实践的引导，它就不再是科学了，只是从科学中飞出去的知识的小鸟，它虽可寄托人们的理想、愿望，但所有表现并不说明其具有更深的意义。要严格区分科学与科学幻想的差别，不能以个人想象揣度科学。

科学是有限的，是指任何科学都有明确、客观存在的条件，都针对具体的客观存在，描述的现象和结果也是客观的。也可以说对任何科学来讲，其成立的范围、适用的对象、产生的结果及变化的规律都有明确的界定和限制。这就是科学的局限性。

科学只在给定的条件下成立，任何出界都可使原本的科学成为谬误。而相对于科学而言，技术只要建立了相应条件，就可以重现科学的结论，并以此实现人与社会的目标。

科学的有限性，也产生出科学的包容性。科学能对特定条件内的具体对象说对或错，而对于超出界限的，只能说不知道、不确定，科学不能表述未知的世界，因此不能以科学的名义摧毁不属于自己范围内的知识，科学应能包容人类的一切知识。

2.3　科学的思维

在辩证唯物主义看来，意识是人的大脑对客观世界的反映，是个体对客观世界的各种感觉和思维等各种心理过程的总和。思维是意识的重要形式，决定我们思考问题的方式。我们学习科学技术、培养探索与技术创新的能力，就应该培养科学的思维。那么，怎样培养科学的思维呢？

首先我们要了解什么是思维。思维就如同一间工厂，各种感觉就如同工厂的各种原材料，各种感觉的输入，就如同原材料进入工厂，经过思维，就如同原材料经过工厂的各道工序的加工，最后得到的结论，就如同工厂最终的产品。思维的结论决定我们的行动，如同产品的功能决定了它的用途一样。同一产品的使用，其效果也有好有坏，按思维的结论进行的行动可能成功，也可能不成功，影响可能好，也可能不好。人们总是在追求成功、努力实现自己的梦想、渴望得到他人的赞许和社会的认可。如同工厂的成功取决于产品的功能和质量，人的成功首先要依靠正确的思维得到可行的结论。

同样的原材料，经过不同的工厂可以得到不同的产品，这是由生产不同产品的工厂的生产设备、技术条件、专业人员等不同所致。类似的现象，每个人的思维方式不同，其结论也不同。

生产的产品总可以在其出产的工厂里追溯其生产加工的每个流程，每个流程都可表现为具体的工艺、工装和操作。而思维不同于其他意识行为，思维的过程是在我们的体内以语言、文字、图形、符号等为工具进行的，这些工具也就是我们日常交流的工具，是可以受我们的主观控制的，其核心的支撑工具是我们的语言。思维以感知为基础，以语言等为工具，探索发现感知间的关系和其反映的本质特性，是认识过程的高级阶段。

人们常把思维分为逻辑思维、形象思维、直觉思维、顿悟等形式，又按抽象性、目的性、智力特征、技巧等对思维进行划分。关于这些思维的形式和划分的方式，在网上和关于思维的书籍中很容易找到，本书就不再讲述了。现代科学在思维的研究方面也取得了很大成就，形成了思维科学，它试图从人的生理结构层面探寻思维在人体内运行的规律，它在科学语言学、人工智能、教育学、情报学等领域都有着广泛应用，但这与我们要讲的科学的思维还不是完全相同的。所谓科学的思维是指我们通过对感知的正确处理与思考，透过现象了解客观对象的本质特性和内在的运行规律，形成可以正确指导我们行为的结论。这种结论准确地表示出来，让他人可以了解、学习、掌握，并进一步形成科学技术。因此，科学思维的实质，是透过现象抓住本质，形成可以正确指导我们行为的科学技术，若获得的是新的科学，则这种科学思维的过程也是科学探索的重要组成部分，若是实现社会的新目标、提高社会的能力，则是技术创新的必经之路。

对于我们来说，在日常工作生活中，科学的思维仍然非常重要。虽然不能把日常工作生活中的一切活动都归纳于科学探索和技术创新，但科学的思维却使我们在决定做一件事之前，冷静想一想，确定最可行和最有效的方式与方法，使我们做的事取得最好的效果；在遇到危险时，也使我们能够不完全依赖本能，而仔细思考克服困难的最大可能。

具体的思维形式和方式，如同产品加工中使用的具体工具和手段，并不是决定我们是否能够科学思维的条件。如何实现科学的思维呢？

思维的输入是感知，如同质量合格的产品必需先有合格的原材料一样，科学的思维首先要保证感知的真实和准确。把握感知的真实和准确应从这样几个方面考虑：一是感知的来源是客观存在；二是能够采用科学的度量方法对感知进行客观公正的度量；三是这种感知应是可验证的，或者是公证的。

其二，在了解什么是思维之后，要进一步观察了解感知发生的具体环境条件，获取更丰富的素材和数据，也同样要保证这些素材和数据的真实和准确。任何事件的发生都不会是孤立的，都会有相应的环境和条件，我们的感知如果是真实的，那它必然有客观的来源，其来源必然有某些事件发生，其发生必然与其所在的环境与条件有密切关系。我们了解这一切是进一步思考判断、研究感知的基础。

第三，要采用合适的思维形式或方式，研究感知所反映的客观对象的本质特性及其与环境的相互关系、运作的条件，进一步研究其变化规律及准确的表述形式。对客观对象特性的描述，不能完全依赖于我们的直觉，而是要用科学的归纳方法、以科学的度量形式来表示，这样才能抓住事物的本质特性，这也是对变化规律描述的基础。而这种对变化规律的描述来源于具体的客观对象，但又高于具体的对象，它反映同类客观存在的共性，以知识的形式表述出来的就是科学。人类社会发展至今，无数的实践和劳动凝练成为人类的科学。而我们所有的推理与逻辑是基于这些科学而表示我们周围客观存在变化规律的高度概括与总结。很多时候我们已习惯于应用，忽略它们的真实来源，而科学的思维要求我们在应用推理、逻辑，甚至数理方法与工具等时，要注意其应与应用的对象的特性相符，否则就会形成伪逻辑和伪推理。当我们面对未知时，不要企图完全囿于现有的逻辑、推理甚至现有其他各学科的知识，而要具体问题具体分析，力求得到新的科学。只有新的科学才能丰富我们的推理和逻辑的方法，才能扩大学科的新视野。把我们经过科学的思维得到的结论准确地表达出来，也是不容易的事，特别是对科学探索，面对我们原来完全不了解、从没描述过的特性和规律，要将它们表示出来并形成新科学，更是困难，而这一个过程的实现，不仅是体现为新科学的诞生，同时还体现为人类语言表述、推理与逻辑的进步。

2.4　科学探索

科学探索是人类面向未知世界时进行的活动。所谓未知，是我们现有的科学尚没有正确认知的客观存在。面对未知我们无法预测其变化，也没有掌控的能力。科学探索是人类在已知和未知的边界上，借助已知的力量，面向未知世界，通过观察与思考，把握未知世界中可观可察、客观存在的本质特性及变化规律，形成新的科学，扩大已知世界的范围的过程。

对人类来讲，已知的世界就是人类科学认知的范围。前面我们已经讲过，即便是我们现有的逻辑与推理，其核心实质仍是基于我们现有的科学，我们不能由现有的科学推导演绎出未知的科学。同样也可以说，基于现有的科学，凭借现有的思维，我们可以实现技术创新，实现人类的新能力，以极大丰富我们的知识，可以扩大我们的想象空间，但这仍然还是在已知的世界中，只是用科学的"画笔和颜料"，努力将世界打扮得"五彩缤纷"，而且还可以"画图成真"，极大丰富我们需求的物质，使生活更好。

所以说，科学探索是人类的先锋活动。在人类面对未知的黑暗时，科学探索将举起希望的火炬，引导人类的正确发展方向。

正如前面所述，科学探索不仅仅是科学家的事，而与每个人都息息相关，应该鼓励每个人都将自己独特的经历如实告诉大家，片言之语中，又可能包含着某个值得科学探索的契机。支撑人类生活的科学包括方方面面的内容，其实并不在于其华丽的词藻或者是鸿篇大论的形式规模，而在于是否能够让我们正确认识其所表述的客观对象，能否致用，作为构成技术的基本要素。仔细观察周围，支撑我们生活的每个人为生产制造的产品都包含着科学，而很多是以技术的形式表现出来，并不一定完全在我们学习的书本上，而可能散布在社会生产的各个细致的环节中，而每个环节在实践中仍然可能有探索的空间，而所获得的点滴新知，一旦验证可行，亦可从点滴改善我们现有的技术，提高产品的性能与质量。

科学探索是面向未知的实践活动。"实践出真知""实践是检验真理的唯一标准"这些耳熟能详的用语，也从一个方面道出了实践对于社会的重要性，也说出了与科学来源和检验的密切关系。科学探索的最终结果是科学，但是任何面对未知的实践活动都是可贵的。科学探索是艰辛而复杂的过程，从人类初次接触到未知世界的研究对象的种种现象，经过艰苦而烦琐的数据收集，到思考凝练成为新科学，常常需要几代人的共同努力才能实现。不能企望科学探索一蹴而就，不能有太多的功利心。科学探索既然是面对未知，其必然有超越我们现有知识和理解的存在，不可能预测结果，而其最困难的部分往往在于奇异现象的获得、明确未知的对象、收集大量足以支撑我们思维得到正确结果的数据，因此每个人将自己实践中遇到的不解和未知的现象和感受如实记录下来，公之于众，都是非常重要的。当这种不解和未知积累到了一定程度，就会由量变到质变。科学探索常常体现出一个时代社会的实践特征，个人的科学探索的能力在其中非常重要，但仍然依靠于当时社会的支撑和全社会实践中知识的积累。

科学探索面向未知，与我们日常工作与生活行为的一个重大差别就是它的不可预测性。对于科学探索我们唯一能确认的是我们出发的原点，这个原点就是我们出发时已知与未知的最初边界点。对待科学探索，要有包容心，不能企图去规划科学探索的进展与成果。反过来说，凡是可预测结果、安排进度的行为已经不是科学探索了。科学探索的任务是在及时发布过程中的真实感知和思考。激发社会对科学探索的支持和理解，让更多的社会成员投入到探索见闻的分析与思考中，可以加快和推动科学探索。

科学探索从不是孤立的活动。随着科学与技术的发展，人类已知边界的扩大，达到科学边界的难度也在增加，开展科学探索所要求的物质、资金和技术的支持力度也越大。科学探索应与社会相适应，不存在超越现实可能的科学探索。科学探索中获取的各种真实的感知和思考，不仅包含了探索者辛勤的劳动，也包含了同期大量的人类劳动，最后得到的科学则可视为这一切劳动的结晶和展现。随着科学的传播和应用，它所包含的劳动也得以流传和发扬。科学不灭，则这份劳动也将永远地闪烁光辉，因此在前面我们说科学能保存人类的劳动，使之代代相传，并不断发挥作用，引领我们去创造新的辉煌。而如何引领我们去创造辉煌呢？这就是下一章要讲的技术。

我们常说科学技术，简称"科技"，说明科学和技术有着非常密切的关系，但它们是一回事还是不同概念？这是我们要回答的。如同科学的概念，不同的学科对技术也有不同的理解，但为了保持课程思路的完整性，我们还是立图从知识的角度来理解技术，这样更便于找到科学与技术的区别与联系，同样才更好理解技术创新的含义与实质。

3.1　技术的含义

"技术"也是我们经常使用的词，但其在日常生活中不同的语境下有不同的含义。例如，我们会说某某的驾驶技术很好、某某的操作技术很好，诸如此类。技术在这里指人的能力，这和我们常常说的某种技术研究或者某某技术创新中的技术显然有着不同的含义。

《新华字典》对技术的解释为："①人类在利用自然和改造自然的过程中积累起来并在生产劳动中体现出来的经验和知识，也泛指其其他操作方面的技巧；②指技术设备。"《现代汉语词典》对技术的解释为："在劳动生产方面的经验、知识和技巧，也泛指其他操作方面的技巧。"

维基百科对技术是这样释义的："技术可以指物质，如机器、硬件或器皿，但它也可以包含更广的架构，如系统、组织、方法学和技巧。它是知识进化的主体，由社会形塑或形塑社会。"百度百科对技术的解释为"技术是人类为了满足自身的需求和愿望，遵循自然规律，在长期利用和改造自然的过程中，积累起来的知识、经验、技巧和手段，是人类利用自然改造自然的方法、技能和手段的总和。"

世界知识产权组织在 1977 年出版的《供发展中国家使用的许可证贸易手册》中对技术的解释是："技术是一种制造产品的系统知识、所采用的一种工艺或提供的一项服务，不论这种知识是否反映在一项发明、一项外形设计、一项实用新型产品或者一种植物新品种，或者反映在技术情报或技能中，或反映在专家设计、安装、开办或维修一个小工厂或为管理一个工商业企业活动而提供的服务或协助等方面。"

对技术的解释还有很多，这里就不再列举。从这些释义中可以看出，技术都有一个共同点，即技术与知识有着密切关系，而差异在于是否同时表示人的能力，还是要表示工具设备等。如果要用技术表示人的能力，而人的能力是内在隐含义，通常我们很难度量，只能通过个人的行为与事件的结果来判定，而且还没有具体统一的标准。同时人的能力是多方面的，我们能用技术表示的能力也是有限定的。我们在前面说了，知识一定是可以传承的，而每个人的能力不仅是随着个体的存在而存在，而且随着体质、年龄、心情等不同也有变化。如果仍要这样看技术的话，技术就会存在很大的不确定性。但是，如果用技术能力来表示上述的那部分能力，而把技术的概念再纯粹些，则表述更清晰些。另外，如果我们在技术中也包含工具、设备等具体物化事物的话，这些具体物化事物与知识有着本质的差别，而且具体物化事物本身也千差万别，存在于世发挥效能的时间也有长有短。这样必然会模糊技术的含义与范围，因此，本书中将用技术实现的概念来表示人们按照技术采用适当的工具设备等具体物化事物，实现目的过程，而将技术的概念再进一步纯粹。

这样我们把技术限定在知识的范围内，使知识、科学、技术有共同点，也便于界定与理解。为此我们理解技术为：

技术是个人与社会根据自己的目标，利用科学而构筑的可以重复实现和验证目标的知识体系。

这样技术也是知识，技术也可以借助于我们的语言、文字、图形、符号、音像等记录在客观的媒介上，不仅是不会依赖于我们个人的存在而存在，同时还可以让了解相应语言和专业术语、符号及公式的他人学习与掌握，并以此实现专业技术的教育与传承。技术让我们可以重复实现和验证目标的实现，这时我们的社会能够建立相应的工厂，大规模生产相应的产品，满足人们需要，体现人类力量的基础，同时这也充分验证了构成技术每一环节的知识的正确性，将这些知识划分到最细不可分的知识元素，则每个元素都必然是科学。

技术对于人类来讲是人类科学的具体应用，是人类能力的真实体现，从根本上讲其组成是科学。由此我们可以概括出技术的特点。

3.2　技术的特点

技术是知识，因此具备知识的特点，技术从根本上讲，全是由科学组成的，当然也具有科学的特点，但技术是为了实现个人和社会的目的，而对所有构成的科学元素重新组合，最终通过技术实现创造出我们所在世界以前没有的物品，或产生前所未有的影响与作用，并且只要愿意，我们可以大量生产出一致性良好的物品，可以一再重现上述的影响与作用，从而可以从根本上改变我们的生活，也可以深刻影响我们的环境。由此，我们总结技术有 5 个特点：①目的性；②系统性；③重复性；④传授性；⑤社会性。

技术是人类伟大力量的展现。技术的先进与否，可以决定一个社会、一个民族甚至一个国家的兴衰。个人通过学习技术和实践锻炼，培养自己的技术能力，满足社会分工的要求是实现个人价值的重要体现。

3.2.1　目的性

前面在谈论科学探索时说，科学探索面向未知，我们无法去预测结果、拟定周详的计划，因此很难有明确的目的。而技术则不一样，每一项技术的产生都是根据当事人或当时社会的确定的需求而产生的，技术都有着明确的目的。技术的目的是指按技术明确的体系组织可能由相应专业和管理人员，相应的场地及环境要求，相应的生产设备、工具及明确的操作或生产的流程等形成技术实施系统，当相应的原材料、能源、资金等按技术要求输入这样的技术实施系统后，我们就能不断重复稳定地实现技术的目标。当然在技术目标实现的过程中，技术实施系统也会对周围的自然和社会环境产生相应的影响，这本就是在技术目标实现过程中应考虑的。

为了便于理解，这里将技术实施和技术实现进行描述。在本书中，我们界定了一系列名词的概念与内涵，有些与日常使用或是在其他学科中的表述有差异，仅仅是为了更好描述书中的内容，其作用也仅仅限于本书中。在本书中，我们这样理解技术实施——在现实自然和社会环境下应用已有的某项技术实现其目标的过程。而技术实现则是指：在现实的自然和社会环境中，根据个人或者社会所提出的目标，应用科学或其他成熟的技术，建立实现目标的知识体系，并验证之，形成实现该目标的技术的过程。

从技术的实施和技术实现的角度，可以将技术的目标分为几个层次：技术实施目标、技术实现目标和技术理想目标。

技术理想目标是指根据个人或社会的需求所提出的为开展技术研究或者技术创新工作所拟定的预期目标。个人与社会有很多的诉求，可形成各式各样的愿望，也存在不同的需求，但不是每个愿望都能实现、每个需求都能满足，同样也不是每个愿望和需求都能成为技术的理想目标。成为技术理想的条件是，对于这种愿望和需求，现实自然与社会能承受和接受，实现的可能途径和所涉及的可能的知识都是基于社会现有的科学和其成熟的技术。我们通过技术研究和技术创新去逐步实现技术理想目标。当这种目标是全新的，或用全新的途径方法去实现一个原来已经实现过的目标时，就是技术创新。

技术实现目标是指现实中某项技术能够实现的目标，或者在实现技术理想过程中的阶段目标或最后目标。需要注意的是，我们按照技术理想目标的要求开展技术研究或技术创新工作，实现了技术理想目标，但这样最终实现的目标，通常不仅仅只限于理想的目标，必然会有连带的其他结果，有时甚至这种附带结果的影响和作用超过原来的理想目标。技术实现的目标应包含这些技术实施后所带来的全部结果及影响。而现实中，技术理想目标往往更吸引人们的眼光，而他们忽略技术实现目标中还包含有其他的结果和影响，有好的，也有坏的。因此在任何技术实施中，必须充分考虑其全面影响和作用，综合权衡，趋利避害。

技术实施目标，是指采用某一成熟的技术建立相应的完成技术的系统而最后真正在现实中实现的目标。技术在实施的过程中，除了技术本身的知识外，还有客观存在的物、设备及人等因素。技术中虽然明确了构成实施系统物、设备及人员等的具体的可操作条件，但任何客观存在总会有超出于我们认识范围的存在，如果在划定所有参与客观存在的已知与未知界线不明确时，或受制于某些确实无法达成的条件或有更好条件时，就会出现技术实施目标与技术实现目标不一致。出现这种情况时，不能一概而论，而要具体问题具体分析。

我们通常说的技术目标，是指技术实现的目标。技术目标是判定技术先进性的重要依据。技术的高低首先源于其目标的高低，目标体现在能否实现人与社会的新能力，当新的更强的能力出现后，相应的低的目标往往就会被淘汰，也就意味着与之对应的老的技术的淘汰。与科学不同，技术由其可实现的能力——即其目标——确定了技术的先进与落后，先进的技术必然会淘汰落后的技术。如果事关一个社会、一个国家核心能力的技术落后，则这个社会或国家在发展的过程中将面临极其不利的局面，如果这样的技术出现了代差甚至缺失，就可能引发灾难性的后果。

受制于个体自身的生理及能用于学习与工作时间和精力的限制，技术的目标在个人身上又表现出与社会不同的特点。从社会来讲，一项技术的组成随着实现目标越来越高，其实现过程也越来越复杂，关联的学科门类更多。从个人的能力看，个人已经很难把一项社会技术完全掌握。人类社会的发展，根据人的生理特点、接受教育的能力、可用于学习与工作的时间等，把构成社会现实技术划分成个人能承受的专业，使每个人能够学习专业的技术，通过实践培养相应专业技术能力，再以专业技术分工的形式融入社会技术的实施、技术研究和技术创新中。对个人来讲，技术的目标体现在自己学习、掌握或者创新的专业技术的目标中，学习、掌握最新的专业技术，并能在实践中推陈出新，更好适应社会分工的要求，齐心协力推动社会技术向更高、更新的目标前进是体现个人价值、实现社会认同的重要方面。因此个人实现自己的专业和自己承担社会分工的更高更新的目标，也就实现了自身的发展。

3.2.2　系统性

在前面的一部分讲过技术是由科学和其他成熟的次级技术构成，但并不是把这些科学与次级技术罗列在一起就可以，而是按照技术的目的，把这些科学和次级技术有机地组织起来，并规定输入的能量、物质及信息等在其中的流动、加工处理的程序及规范等，如图 3 - 1 所示。

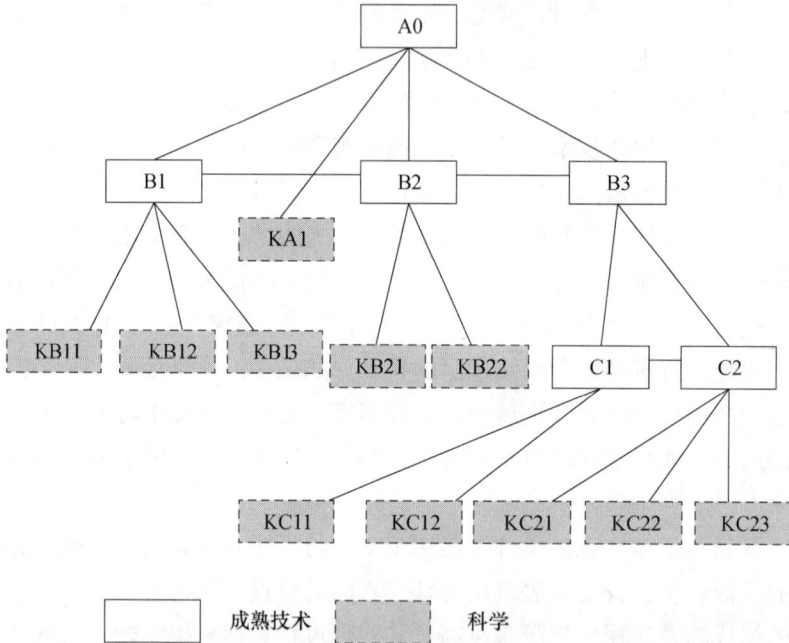

图 3 - 1　技术构成的示意图

图 3 - 1 为一个技术构成的示意图。顶层的 A0 为在这里要求的技术，而且按图中的示意为成熟的技术，所谓成熟的技术为已经过验证且可实用的技术。图中的有阴影的虚线框表示科学。一个成熟的技术 A0 由次级的成熟技术 B1、B2、B3 和科学 KA1 组成，B1 又可划分为 KB11、KB12、KB13 科学，B2 可划分为 KB21、KB22 科学，而 B3 则可进一步由成熟技术 C1 和 C2 构成，而 C1 又可由 KC11 和 KC12 科学构成，C2 又由 KC21、KC22、KC23 科学构成。图中 A0 和 B1、B2、B3 及 C1、C2 构成了一个互相耦合、相互作用的关系。这个图仅仅是一个示意图，实际上，一项技术的构成比图中要复杂很多很多，但如图 3 - 1 所示，任何一项技术的最末端都可划分到科学。而在实际构成技术时，我们没必要追根究底将技术的所有层次和所有的科学都明白，而且事实

上面对现代技术的复杂性，我们任何人都无能为力。因此面对现代技术的复杂性，不要企图以个人的力量去掌握一个技术的全部，而只需要按自己的专业，在自己所具有的技术层次里，掌握自己专业所属且能力适用的子技术 B（如图 3-2 所示），只需把握住与 B 直接相关的科学 KB 和直接关联的成熟技术 C1、C2、C3……即可，而对于 C1、C2、C3 等则应交由其他相应的专业技术人员负责。当然，在处理个人掌握的技术 B 时，也应明确与处理好与周围、与上级接口的关系。而这里的 C1、C2、C3……对于分工 B 的个人来讲，只需明确它们与 B 及它们之间的接口关系，而没有必要细究 C1、C2、C3 等的详细组成。对于现代社会来讲，需要广泛应用的成熟技术，在技术实施层面会形成标准件、标准的组织框架和结构等，可以大量复制并应用，以支持更高等级的技术。

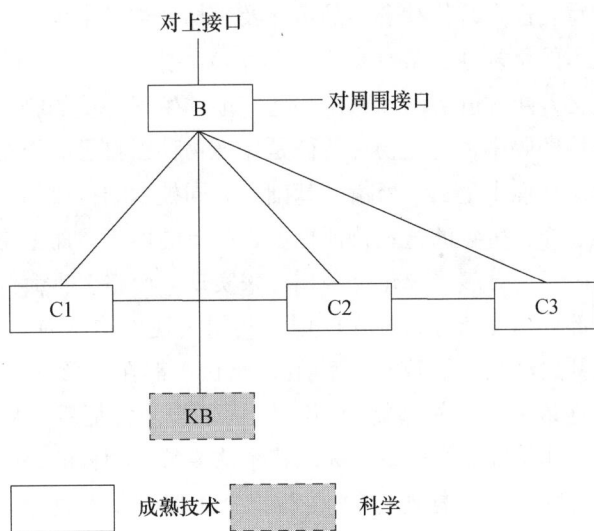

图 3-2　个人掌握技术示意图

技术的系统性表明，技术一定是可划分的，可划分为下一级的子技术和相应的科学。子技术和相应科学间的联接关系是具有明确定义的相互耦合作用的接口关系。技术是知识，是经过验证、成体系、互为关联的知识体系，而这些知识包含文字、图形、图纸，甚至模型等，最终还是由承担具体专业分工的个人来完成。任何技术系统的划分在现有成熟技术的基础上，应基于现有社会的专业分工和相应人员个人能力承受的范围。

管理是技术系统性的重要体现。在技术中，除了构成技术的具体成熟技术与科学外，还有描述其构成分工关系、输入的要求以及输入在技术内部的流动、处理要求等，都与管理有密切关系。

3.2.3 重复性

技术的重复性体现在，当我们选择一项技术时，技术的所有表述都是明确的，都是在技术诞生时，经过准确无误地验证过的。因此只要我们严格地按技术表述组织技术实施的体系，组织原材料等输入，严格遵守技术规定的流程和加工、检验等，我们就可以建立现实的技术实施系统，如工业、农业生产组织等，一再重复实现技术所描述的目标。

技术的重复性是现代社会产品生产及一切人类可掌控、可重复活动的基础。技术的重复性在某种意义上与生物的遗传代码有相似的地方。生命将经过亿万年优胜劣汰而获得的适应地球生存环境的物种特征的信息存放在遗传密码中，这些物种特征是保证物种以自己的面貌和生存方式在其适应的环境中生长、繁衍的基础。如同技术的构成如次级的成熟技术和科学一样，生物的这些特征也不是简单的堆砌，而是由遗传密码控制细胞的生长、分裂、分化直至死亡来实现，而整个生命体是一个复杂系统，各部分相互依存，相互作用，共同实现生物体的生存和繁衍。生物从胚胎开始经出生、成长、繁殖到死亡，都在"阅读"位于自身细胞内的"遗传之书"并循规而行。但从生物的特征看，从胚胎到生长成熟标志个体特征已经完备，标志着个体成熟。物种的每一个个体的成熟就意味着物种的"复制"。这也与技术相似，技术通过最后出来的产品，或一再产生的某种行为、影响、作用，可以如物种繁殖般稳定再现技术的目标，以此体现技术的重复性。

生物用遗传代码"书写""生命之书"掌控物种所有特征，而技术则是我们可以认知掌握的语言、文字、图形、符号、公式、数据等"书写"形式。生物在繁殖下一代时，也将"生命之书"赋予下一代的每个细胞中，让其在个体的后续生命中仍然发挥作用。而技术则是通过人类的知识系统保存传授，这在后面章节中还会细讲。

在考虑技术的重复性时，还必须考虑与之密切相关，甚至有些矛盾的方面，即技术的发展与进步。生命在长期的进化中，形成了一套独特的机制，既保持物种的存在与繁衍，同时又能在一定的范围内适应生存环境的变化，从基因的角度实现物种的进化。技术也一样，如果完全固守于现有技术，由于现代技术体系所包含知识量的复杂和庞大，在知识本身的复制和保存中，与遗传信息在生物体内复制和保存的过程类似，会因环境的偶然因素缺失或突变，会在复制的过程中也偶然出现错误或错码。若为保存而保存，反而容易造成生物的退化和技术的误缺。生物将"生命之书"刻画在每个细胞中，通过海量的"复制"，确保总体的完整性。局部的变异可能影响个体自身的生存状态，但只要不发生及影响在繁殖的过程中，则对物种不会产生重大效应。而对于技术我们现在还做不到海量的备份，存在于世的可数备份中，也难免会有疏漏。所以凡想以固守的方式来坚持技术的重复性是困难的。

我们再来看一下，生命是如何解决这个难题的。复杂的生命体都主要采用两性繁殖的方式，这至少从基因的角度看在繁殖的过程中构成了一个备份的关系，对于任何一个特征可以从中选出最好的，也可互为参考，比对基因的完整性，两份基因也标识父系和母系略微的差异，两者重组形成的后代基因会略有变化，而这略有变化的特征成为了后代更好适应环境的根由。从物种个体上看，两性繁殖就自然造就了竞争选择的机制。从基因本身看，它无法自主判别哪些变化是好的，应保留，哪些变化是不好的，应去除。从生命个体来讲，也无法做到。而两性存在，就为异性方选择适配对象来繁殖后代提供了可能，使个体通过在生存环境中的良好表现和同性的竞争，甚至争斗，而获得同异性繁殖的权利。这一个过程的本质也就是从生存环境中的表现选择最好的基因，繁殖后代，从而在保证物种稳定性的基础上，实现物种的进化。

技术是人意识的表述，我们可以区别技术的优劣，取长补短，在保持技术的特征的基础上，实现技术的发展，这是技术在保持重复性的基础与实现发展方面与生物物种自然进化的区别。自然进化是一个很漫长的过程，而技术的水平却可以日新月异。但是要注意到，现代技术体系的复杂性，决定了我们难以简单地准确判别其优劣、明确改进的方式或者采用新的科学或者新的技术来改善。因此我们通常都在技术的重复过程中发现其不足，或者对在技术实施中出现的问题或者其对现在自然与社会的不适之处等进行有针对性的改进，改进所采用的手段，一方面要符合原来技术系统的整体性要求，另一方面这些手段必须基于现实科学与其他技术，在后续的技术重复中验证，形成知识，融入技术，这样技术就能不断完善与发展。也可以说技术的重复就是技术可以不断应用于实践，并在实践中得以发展的螺旋形上升的过程。

我们在看技术的重复性为我们的生活带来各种丰富的产品时，还应该看到另一面。就像同物种的繁殖若无节制，最后可能因物种数量超过了自然环境的承载能力，破坏自然环境，给物种本身也会带来巨大的灾难一样，技术在技术实施系统中重复，也会消耗自然与社会的资源，其产出除了我们想要的产品外，还会有其他副产物甚至污染物的排出，会对环境造成影响，甚至破坏。因此，应用技术的过程中，在看到它的重复性的好处时，也要看到其滥用所带来的不利。越是复杂能耗高、副产物多、生产速度快的技术，其滥用带来的危害越大。技术的滥用，已经给现代社会造成很多社会、经济和环境问题，造成了自然、社会资源和人类劳动的极大浪费。任何技术的滥用，都会受到市场、自然和社会的惩罚，但如果等到结果爆发受到惩罚才收手，不如从技术应用的体系管理入手，防患于未然，从而实现社会更高效、更文明的发展。

3.2.4　传授性

技术是知识，知识是可传授的，所以技术也是可以传授的。但相对于一般的知识传授来讲，技术有其鲜明的特点。在前面几个特点的分析中，我们讲到支撑现代社会的技术构成都极其复杂，涉及多个学科，包含有大量次级的技术和相关科学，从知识的广度和深度看，都远远超过个人的认知能力和接受能力。而在所有的知识传授中，一个重要的使命就是要把支撑我们社会生存和发展的各种技术传承下去。为此，我们可以这样理解技术的传授性。

首先技术的表述如前所说，必须是明确的，可以在客观的媒介上保存，并可让相应的专业人员能够准确理解和掌握。在这里一定要把技术能力与技术区分开来，并且技术的存在一定要从技术能力的局限中解脱出来，只有这样技术才能不依赖于具体的个人而存在，成为面向社会相应专业人员的共同知识。同时，这些专业人员应该是社会大众，以公平的机会接受教育，在教育进行到一定程度时根据自己的特点、爱好等分化接受专业的教育和参加相应专业的实践，并能够掌握专业技能。专业人员是社会根据自身发展要求有目的培育的。从这种意义上看社会的教育系统，本身也是一个极其复杂的技术实施体系，它的技术目标是培养各类的专业技术人员。所以专业的合理划分与专业人员的培养也是技术传授的重要支撑。至于专业划分的理由和模式，在技术的系统性中已有论述，这里就不再细述了。

正是技术的传授性决定了技术是可学习、可掌握的。对每个具体的社会成员来讲，以专业的方式学习技术，并通过相应专业性的实践，提高自己的专业技术能力，并有效融入社会的技术分工中，通过劳动发挥自己的作用，就可能创造最大的社会财富，从而获得社会的认可。社会创造的财富与社会所建立的技术实施系统的技术水平高低以及全社会所有劳动者的专业技术能力的高低密切相关，个人创造的财富则与参与的技术实施系统和本身的专业技术能力密切相关。正是因为技术的传授与个人的发展及实现的个人价值直接关联，一方面技术的传授一定要体现社会公平性，使社会的每个成员都有公平的机会实现专业的发展，另一方面如我们常说的"授人以鱼，不如授人以渔"，要鼓励社会每个成员在专业上努力学习，提高自己的专业技术能力，报效社会，实现自身价值。

技术直接关系到一个社会、一个民族、一个国家的能力，技术先进与否是衡量社会进步和文明的重要尺度。"落后就要挨打"就直观表达了在国与国的关系中，技术落后的国家所面临的困境。我们在看技术的传授性时，不能不谈到技术的保密。任何国家在事关国家安危与发展的重大技术方面，都会采取严格的保密措施，国家的任何一位公民，当进入专业化分工教育后，形成事关这些重大技术的专业能力时，都要承担技术保密的义务。在商品经济中，技术也对产品的核心竞争力起直接的支撑作用，同一类型产品不同生产厂家的竞争，根本上还是其不同层面的技术竞争，技术保密对其的生存也至关重要。

技术的传授与保密处理得好坏对技术本身的发展也很重要。人类在古代社会时就已经清楚认识到了技术的传授性和技术的保密对技术的发展、延续，以及个人在社会中的生存地位的重要作用。在古代人类社会还没有建立起面对公众的从基础到专业的教育体系，只能把知识特别是技术局限在特定的阶层或者是特定的人群，采用家族式传承或师徒相授的形式，能够接受专业技术指导的人群极其有限，即使在这极少的人数中，能够得到技术真传的也是屈指可数，常说"假传三千篇，真传一句话"。作师傅或长辈的若非到了紧要关头，都不肯将技术的关键传于后人，这样，技术的保密工作是做好了，但却极大妨碍了技术的进步和应用，妨碍在其基础上更高级技术的创新，也不利于科学的进步，有很多这样的情况，由于特殊情况的发生，如战争、疾病和大的自然灾害等，破坏了这种极其脆弱的技术传授的方式，造成技术的退化甚至消失，这是我们看到很多古代文明的技术奇迹后来失传，甚至有些现在我们仍不能使之复现的原因。对一个社会来讲，如果支撑社会存在和发展的技术在同一时期内大量出现这种情况，而且还没有更新的技术可以替代时，那么对整个社会将意味着一次极重的、难以复原的灾难。反之，只要技术在，有一定能够学习掌握它的专业人员在，即便社会当时的技术实施体系遭到重创，也可以很快恢复技术实施系统，恢复社会的生产，使社会可持续发展下去。

技术创新的过程充满艰辛和困难，如同科学的获得一样，每一项技术都凝结着当事者的劳动，而技术的重复性却又能使一项技术在重复实施时，相对于创新来讲极为简单，但却达到同样的目的，获得同样的回报。创新与重复在实现上的严重不对称，让我们必须更重视对技术创新的尊重，社会要以价值回报的方式承认每一项成功的技术创新。现代社会所建立的以保护知识产权为目的的专利制度，就是出于这一目的。因此在考虑技术的传授性时，还必须考虑对技术原创的承认、保护与鼓励。古代社会在这方面没有强烈的意识，也没有相应的制度，是形成其狭窄的技术传授渠道的重要原因。所以，我们保护技术原创权的目的，并不是要封锁技术，而是要在尊重原创者的劳动，回报其劳动价值的基础上，使技术向社会公开，促使其尽快应用与发展。但同时技术相对落后的国家，要警惕技术发达国家利用此建立的技术壁垒，维持其技术的霸权地位。

技术学习可以有两种方式，一是直接传授技术，这当然是最好和最有效的；但当有技术的壁垒存在时，我们就要采用另一种方式，即考察别人的技术实施成果，如某项具体的产品、某个具体的活动等，看它的先进性的体现，即推测其技术，找出我们的差距，再以我们已有的技术为基础，借以别的先进技术引进为参考，再次创新实现甚至超越其先进性。

3.2.5 社会性

技术，无论是它的形成、验证，还是技术的保存、学习，以及技术实施等，都不是单靠个人能够完成的，而是需要依靠当时的社会组织相关专业人员协作分工共同完成的。技术这种与社会的紧密关系，就显出其社会性。因此每一项技术从诞生到后续的应用与发展都会有当时社会的深深烙印。技术的产生与发展从根本上是由当时的社会需求和条件决定的，而技术应用又会对社会产生深刻的影响，从总体上来讲，社会都会尽力将技术应用的效果从愿望上将其向正面、积极的方向引导，而客观上社会对一种新技术大量应用后产生的影响很难充分预计，也需要在技术的应用过程中，根据出现的新情况和新问题及时作出调整和改变，其间也可以催生出若干的新技术。

技术的目的、技术的应用及其与社会的密切关系显而易见，这里就不再细述了，而我们在这里想从另外的方面来看技术的社会性。

首先，在技术创新过程中，社会是如何介入其间的，其社会性又是如何体现的。当我们确定技术创新的目的后，社会首先需要评估技术创新的可行性，才能确定能否给予支持。评价主要集中在两个方面，一是其目的是否符合社会的需要，二是其考虑的思路和方法是否基于现有的科学与技术。符合社会的需要比较容易理解，而思路和方法基于现有的科学与技术则是指我们把目标划分为若干功能相互耦合或不同流程相互交接的组成部分，既然是技术创新，则它们的组合或相互作用的方式，必然是前所未有的，也有可能这些部分中就有些是前所未有的，但我们对这些未有的部分仍然可以划分下去，划分出下一层次的组成及相互关系，若其中仍有前所未有的，就再划分下去，如此这般，直到所有的组成为现有的科学和技术为止。而这些以前没有过的部分，及其平层和向上的组合联接方式，就是没有验证过的，可以形成现有社会没有的新的人造物或新的效果、影响等，是技术创新所需要突破的关键，常常又称为创新点。技术创新就是从最底层的未验证的部分做起，验证之，然后再逐次向上验证，直到验证最后的目标，并将整个的验证过程总结为技术，就完成了技术创新的主要工作。需要注意的是，这里前所未有的，是相对于其所在的社会或群体，只要是其不能通过学习或引进得到相对于自己没有的技术，而通过实践验证得到的新技术，相对其本身来讲，都是创新，都是珍贵的。这也是技术落后的国家在发展中追赶技术先进国家，实现国家富强的必由之路。

因此，技术创新的过程是一个经实践验证、总结而得到新技术的过程，必须在社会的认可和支持下才能完成。

再来看技术的学习与掌握。对个人来讲，一个技术的学习和掌握首先体现在依托现在社会的教育系统，从基础教育到专业教育的学习和实践，形成个人的初步适应社会分工要求的专业技术能力，再在参与的社会分工劳动实践中，提高专业技术能力，创造社会财富，并有可能提出或参与技术创新，或者开展或介入科学探索，获得新技术的发明或新的科学，最大限度实现自己的人生价值。

而对于某一具体的现代技术来讲，则需要聚集其涉及的各类专业人员，在社会的保障支持与管理下，分工学习。对于所在社会尚未有的科学与技术，则需组织引进或重现，经过实践验证，并与所在社会的具体特点相结合，形成与之适应的技术和相应的技术能力后，才能说一项技术学习掌握了，并且还能在随后的实践应用中进一步完善和发展。

无论是个人还是一个社会，亦或者是一个国家，对技术的学习与掌握同样也是在当时社会的认可和支持下开展的。

无论是技术创新还是技术学习，任何层次的未验证部分向下只要划分到直属的科学和技术即止。直属的科学为未验证部分专业支撑的核心。其他部分的技术则只需明确同级间和与上级间的接口和作用关系，而具体技术则应交由社会专业分工来承担，从研究学习与掌握的角度，不宜再深入，这样可以充分利用社会资源，调动社会参与的积极性，最大程度地提高研究和学习的效率。只有对于下属的未验证的部分以此类推继续划分，直到所有组成都为直属科学和其他社会已验证过的技术为止。对于每一层具体部分，只要其中包含有任何部分的未验证组成或相互接口关系的，均为未验证部分。如果在划分的过程中任何地方出现了非科学的部分，则这个实现目标的创新系统不具可行性，或者我们学习掌握的方法出现了失误。

3.3 技术思维

在上一章中，我们讲了科学的思维。那么相对于科学的思维，技术的思维又有什么特点呢？最重要的区别在于：科学思维面向的是未知世界，我们要从中获得新的科学；而技术思维则在于如何利用现有的科学技术解决所面临的问题，满足新的需求，实现更高、更强的能力。具体来讲，可以这样理解。

（1）要把握住想象与现实的分界。每个人都可以无拘无束地驰骋在自己的想象空间，如果把这种想象表述出来，引起共鸣，就可形成现实中各式各样的文学、艺术和影视作品。如前面所述，受制于个人的知识和能力，实际上每个人的想象空间，看似很大，甚至无限，但其构成和演绎却是极其有限的。如果缺乏实践的支撑，受制于一定时期、一定社会公众知识的限制，这种想象空间表述出来必显得同质化。在想象的空间里，可以把其中的构成和演绎都理想化，可以预定正邪，可以凭主观断定一切，但现实却纷繁复杂，任何一处的细节都让个人穷其一生而不得知，都可与个人的理想相矛盾，正邪、是非的判断也非常艰难，面对现实都可显出每个人的无奈和困扰。在想象的空间里，我们可以来去自由、随心所欲，但现实却决定了我们自身存在和发展的可能，任何人也无法逃脱现实，唯一的可能是在尽可能大的范围内适应现实继而有限度地改造现实，以利于个人和社会的生存和发展。而我们要正确认识现实，只能依靠科学。要解决现实中遇到的问题和困难，实现预定的目标，且为我们自身能掌控的只有技术。要正确认识自身的能力，充分利用现实自然和社会的资源。在想象空间中，每个人都可以把自己的能力无限大化，但在现实中，每个人的能力都极为有限，乃至于一个社会、一个国家和全人类，现在的能力仍是有限的。在这些能力中，我们能够通过学习实践获得并不断提高的，是技术能力。当我们确定目标可实现后，应在发挥自己的专业能力的基础上，充分按前面讲述的技术的系统性和社会性的特点中的有关内容，尽可能地发挥社会分工的优势，利用现实的资源，才有可能将技术推向更高的高度，实现更强的能力。需要注意的是，技术本身就包含对个人能力，甚至一个社会、一个国家能力的组织和分工利用。有时个人的简单能力看似极为普通，但当用技术将其有效组织、有效分工后，当数量达到一定时，可以产生对现实自然和社会强大的作用力。其他亦如是。

（2）要可评估、可检验和可重复，与实践相结合。每个人的感觉因时间地点、身体状况、情绪悲喜等都会有所不同，每个人的想象因每个人独特的经历、受教育的程度、所处的状态等的不同而有差异。即便是我们能将其表达出来，如果没有客观、统一和公正的评判标准，也无法达成共识，更难说去验证。以想象和模糊的感觉去争辩说到底是没有实际意义的，更不符合技术的观点。因此，对任何技术来讲必须有社会专业范围内达成共识的，客观、公正、统一的标准，用于其所有组成细节和实施、实现过的行为、效果的评估、检验，并依此可以重复。一切不可评估、检验或重复的因素不能出现在技术中。可评估、可检验和可重复的同时也表明了技术与实践的密切关系，也是在实践中，通过上述手段可以及时发现预期目标与现实目标的差异或技术的不足，从而及时调整技术实施和实现的方案和办法，促进科学与技术的进步。

（3）要勤于总结、准确表述。我们在技术的实践中，获得很多感受，通过不断的评估和检验获取了大量数据，使我们在技术实践中培养出规律性的思考方法和动作行为，形成技术能力。但如果不总结，不能将之准确地表述出来，则这种技术能力只能停留在个人的体内。个人的能力终究有限，并且随着身体的状况或疾病衰老而变化甚至失去。可能在技术的实践中偶尔闪现出技术的奇迹的火花，也许对具体的事情可起到关键作用，可形成种种传说，但对于技术的进步、可持续发展却没有实际意义。所以要勤于总结，将能力形成为思考和规律。操作的方式凝练提升，用准确的语言、文字、图形、符号、公式甚至音像表述出来，将直接推动技术的进步，并且教化育人，使个人能力转化为社会的能力，绵延不绝，不断提高。当这种能力在数量、规模和高度上达到一定程度时，就有可能形成技术的突变，影响每个人的生活，乃至自然和社会的面貌。

3.4 技术创新

前面已多次提到技术创新，那么技术创新的含义是什么？它与科学探索有什么关系和不同呢？在本节中，我们将讨论这些问题。

我们前面说了，技术是人类伟大力量的体现；技术先进与否，是一个社会、一个民族、一个国家先进与否的重要标志；社会之间、国家之间的竞争很大程度上体现在技术的竞争上。正因为此，虽然技术是可传授的，但事关社会乃至国家重要利益的技术也同时是保密的。我们常说的"同行是冤家"，也体现在商品社会中。技术的竞争对企业、工厂，甚至个人来说，具有决定专业技术领域的地位和市场份额的核心作用。因此技术的传授主要在技术不涉及利益冲突的社会团体之间和团体内部进行。这就使得技术创新有相对的一面。只要是相对于自己所在的社会群体，利用科学和技术实现新的目标，或者是用基于科学与技术的新手段更高效地实现了已有目标，相对于这个社会群体来讲，都是技术创新。创新可根据所在群体的规模分为不同层次，最高层次的创新无疑是实现人类的新目标，展现人类更强的能力，或者是采用新的科学和技术更高效、更环保地实现已有目标。

只有不断地进行技术创新，并将其应用到技术的实施和产业化中，形成新的产品，才能体现技术创新的社会、经济、军事、政治等各方面的效益。

我们在前面讲科学探索面对的是未知世界，我们很难预定其确切的目标，只能多鼓励、多支持、多参与。科学探索获得的成果是新的科学。而新的科学可以直接增强我们的正确认知能力，但要应用新的科学，则必须通过技术创新。我们在已有的科学与技术范围内进行技术创新，其潜力是有限的，而且要取得重大的实质性突破也较困难。但一项新的科学出现，将它应用于我们现有的技术中，只要相对于原有技术更高效和更环保，就是技术创新，同时基于新科学，利用现有科学和技术，可以实现原来不曾实现的新目标，从根本上提升人类的能力，而这爆炸式增长的创新往往意味着人类文明的重大进步。科学探索可为技术创新提供新的支撑，且技术创新又可反过来为科学探索提供新的手段、工具和方法，增强科学探索的能力。

技术创新的成果主要体现在两个方面：一是形成新的技术，以便技术的传承与保护；二是通过创新过程形成的验证和实施系统，可直接为技术的实施和产业化服务，满足个人与社会的需要，提升个人与社会的能力。

3.5　技术能力

技术能力是指个人和社会通过技术创新、技术的学习与掌握，经过实践锻炼所形成的可以熟练应用专业理论工具、方法、手段等进行专业技术劳动的能力。技术能力可以受个人和社会的意志所控制，其劳动有明确的目的、规划和衡量的标准。技术能力可通过劳动的成果来度量。

社会的技术能力，是通过在技术的实施系统中按预先拟定的程序，将个人与相应的工具、设备、设施合理有效组合后以输出和输入比的效果来衡量的。在社会能力中，人的因素始终是第一位的，我们制定的组织结构、规章制度和采用的标准，以及工具、设备、设施等都需要具体的人来执行、使用、检验，等等。个人能力是社会能力的基础。对社会来讲，每个人的能力大小是不一样的，能力表现形式也不一样，专长也不一样，但都不应该认为有可废弃的能力，而要在构筑社会技术能力时，尽可能将所涉及人员的能力发挥出来，使之利于社会技术能力的发挥与壮大。由此，对个人来讲可能很简单、很基本的一些技术技能，一旦在社会中被有效组织起来，数量和规模达到一定程度时，也会爆发出惊人的力量。反过来也有这样的情况，有些标志技术能力的制高点，若社会中无一人能达到，则整个社会也无法达到；如果有其中个体具备这样的能力，能够起引领作用，则社会技术能力就能达到这样的高度，但应当看到这时社会技术能力对其的支撑也是必不可少，而引领者则是其代表。

在社会技术能力中，除工具、设施、设备等具体的物和构成人及其对应的具体专业分工技术外，管理也在其中发挥着重要甚至核心作用。管理包括对社会技术能力体现的社会系统中的物、信息和组成人员等的管理，而核心是对人的管理。结构复杂庞大、构成人员多的社会技术能力系统，其管理越是复杂，越是重要。由于管理的复杂性和重要性，在构成社会技术能力系统时，各级各类的管理也会有专门技术分工，由相关人员专职担任，他们不具体从事系统内某项专业技术，但却具备系统内物力、财力与人力等各种资源的调配权，通常形成金字塔形的结构，居于最项层的即是对外代表和承担系统权利和义务的领导者。每个人的精力是有限的，不论是各级管理人员还是从事具体专业分工的人员，其分工承担的工作量都应该控制在个人能力所及的范围内。人们参加这样的社会系统，其根本出发点还是要生活得更美好，因此任何一个社会技术能力系统除以上所展现的能力外，还有一个层面的含义，即所有参加的人员通过紧密协作劳动，在实现其社会功能时，使所有成员有更好的生活、有更好的发展。管理在系统中可发挥核心作用，但系统的力量却更多来自于从事专门技术分工人员的个人技术能力和技术能力的发挥程度。越是技术难度大、水平高、协作性强的个人劳动，所发挥的个人技术能力的高低越取决于当事者的积极性，能否有效发挥出参与系统人员的积极性，对于系统功能的发挥、系统的运行情况和效率都至关重要。通常讲，管理层掌握系统的资源和劳动效率的分配，积极性容易调动，但需要注意对其他从事具体专业技术劳动人员的积极性的调动与鼓励。而调动他们积极性核心在于对其劳动的认可和劳动效益的合理分配。

社会在不同发展时期和阶段，对社会技术能力的实施都会有不同的要求。对于个人来讲，社会技术能力的实施则以社会有一定广泛性需求的专业技术能力的培养为主，以自己的专长，寻求社会的需要，加入社会分工协作劳动中，才能最好地发挥出自己的劳动效率，获得社会认可，同时也能在劳动实践中不断提高个人的技术能力，个人可以凭个人能力在不同时期服务于不同的社会团体，以获得最大的劳动收益和能力提升的空间。而社会也总希望能选到专业方面技术能力最强的劳动者，让他们加入到分工协作中去，以更好体现社会的能力。

个人技术能力的高低与个人在社会上能承担的职责、劳动的效益，甚至社会地位都密切相关。使每个人有公平的学习起点和专业选择机会，鼓励每个人沿其专业方向不断提升专业技术能力，适应社会需要，促使社会技术能力的提升，是现代社会应具备的责任。同时，对个人来讲，精力与时间是有限的，不可能去在有限的生命里学习所有的知识，最好的办法是专注于社会在一个较长时间内都需求的某一专业技术，坚持不懈，把力量集中于这个方向，才最有可能达到技术的顶峰，具备更强的技术能力。

第 4 章
科学、技术及其他知识

在之前的两章中，我们从知识的角度讨论了科学和技术的含义，并由此进一步讨论了它们的特点和对科学探索、技术创新的一般理解。在后面的内容中，我们仍然承袭这样的思路。在本章中，我们依据科学与技术之间的关系讨论它们与其他知识的关系。

4.1　科学与技术的关系

前面在讲科学与技术的概念时，已经或多或少地在不同地方涉及了科学与技术的关系。而本节将在总结前面涉及内容的基础上，再系统地讲述科学与技术的关系。

4.1.1　从知识的结构上看科学与技术的关系

当我们按前面的思路在知识的范围内讨论科学与技术的关系时，科学与技术关系的说法容易理清。科学表现为人类的意识通过对客观世界正确认知而形成的知识，但相对于一般的知识而言，科学是严谨的，所表述的对象与描述的规律是有条件的，并且不以人的主观愿望而变化。科学的直接作用，是提高人们对客观存在的正确认知，犹如在人们前进的道路上画出的红线和路标，我们必须按照科学去思考、去行动。同时，科学的验证性又给人们提供了这样的可能：人们只需要严格按照科学表述的条件，就可以复现科学表述客观对象的现象及规律。科学表述的对象及其现象和变化规律，对人们来讲并不存在善恶之分，人们只要把它用好，引导到对人类发展有利的方向，就为善；反之，人们若没有正确认识到其客观作用的效果对人类的发展不利，则可为恶。科学对人类来讲始终是双刃剑。如何利用好科学是人类社会生存和发展的重要课题。而利用科学来实现人与社会的目标、意图、规划乃至理想则属于技术的范畴。技术将人类自身的需求、愿望等与科学紧密地结合在一起，将需求、愿望化为实际。如果说科学提升人类的正确认识能力，而技术则体现人类按自己的意愿正确行动的能力。

科学与技术密不可分，从知识的角度看表现为两个不同阶段的特征。有两种倾向对我们正确把握科学与技术的关系不利，一种是将科学与技术混为一谈，不分彼此，另一种是将科学与技术彻然分开。

如果将科学与技术混为一谈，不分彼此，将混淆科学探索与技术创新工作的差别。科学探索面对的是未知世界，人们只能确定从已知跨入未知的始点，可以预想种种可能，但却不能制定明确的目标和规划，只能在未知世界前进的过程中，具体问题具体分析，客观公正地观察和思考，获得新的科学。而技术创新则是在我们已知的科学范围内，实现人与社会的新的目标、新的需求，或者以更高效、更环保的方式实现已有目标。技术创新的目的明确，能否可行也可判定，可以制定详细的实施方案和计划。显然，如果以技术创新的方法去开展科学探索工作，无论是执行者或者是管理者，都会陷入矛盾中，如果目标已经明确，途径已经清晰，那还有什么探索的必要呢？有的人或许会问乘坐宇宙飞船到其他星球上是不是探索，到底是技术，还是科学。这个过程可以分为两段看，我们到达其他星球这一个过程是技术的，到达这个星球是技术的目的，若这是我们从未有到达的星球，而到达这个星球就是技术创新。但抵达这个星球后，我们就进入了未知的世界，事前我们可能作出种种设想，预判有种种可能，但真实所见总会超出我们的想象，总会带给我们各种惊奇，不能指望一次探索就了解星球的一切，只能走一步看一步。而根据每一步真实所见总结出来的客观规律就是探索获得的新科学，根据新科学才能有效组织进一步的技术创新，实现下一步的探索。反之，我们若试图用科学探索的方法来开展技术创新的工作，也会陷入窘境，我们将失去技术创新的目标，也难以安排规划与措施，更别说要得到社会的认可与支持。也许某种偶然的机遇和某种偶然的天性相遇，如守株待兔般，可能有偶然的成功或称为"奇迹"，但却是不可重复的，如同终其一生守不到第二只兔子一样，从根本上就失去了技术的特征。从某种意义上讲，一直困扰人类发展的计划与变化的关系就是技术创新与科学探索关系的反映。分清科学与技术的关系，无论对于个人还是社会，在面临未来的发展与挑战时，都是极为重要的。

　　如果将科学与技术分割开来，甚至对立起来，也是非常错误的。科学是构筑技术的最基本元素，当科学构成技术时既可以显现的方式存在，也可以隐晦的方式存在。这种显现和隐晦是相对于了解学习技术的个人与社会而言的。当个人与社会的科学技术水平相当于甚至超越了所要学习的技术时，技术的所有组成及组成的关系是透明的，可以了解到技术构成的最基本的科学而当个人与社会的科学技术水平低于去了解学习的技术时，技术构成及其关系到一定程度时，就难再深入，更别说掌握其所构成的最基本的科学，这时技术最基本构成的科学对个人和社会就是隐晦不明的，突出表现就是"知其然，而不知其所以然"。对于未明的事，人们容易将其神秘化，容易展开想象的翅膀，但是越神秘化和想象，离技术的实质和科学可能越远。在人类社会中，除了构成它的自然环境和人以外，还有大量的技术实施系统及其产物支撑着社会的存在与发展，人类的科学与技术越发达，对技术实施系统及其产物越依赖。对一个稳定的社会来讲，技术实施系统及其产物也相对稳定。如果把科学与技术分割开来，人们就常常会忽略技术最基本的元素是科学，只是关注现有技术实施系统及其产物的维持，社会会陷入一种相对停滞的状态。但人类社会的发展和人们的实践必然会接触到未知的世界，总会有勇敢的人能冷静面对未知，得到对未知客观描述的新知识，形成新思想、新观点，而对于陷入停滞的社会，在前行的路上，因种种的未知和自身发展的技术实施系统产出的相对于自然环境和社会变迁的缺陷的积累等，使社会的矛盾不断激化。这些新思想和新观点，会对矛盾的激化产生催化作用，会对现有的技术实施系统产生严重的冲击。在人类社会发展过程中，凡是陷于停滞的社会，无一例外地都会对以科学为核心的新思想和新观点采用压制甚至于野蛮摧残的手段，力图保持社会表面的稳定。这时可能有两种情况产生：一是社会中科学的传承发生了大面积中断，新的科学被排斥，社会的技术也在不断地削弱，导致社会对原有技术实施系统亦不能维持，若再加上自然灾害、战争或疾病等因素，将会引起社会的全方位退化，出现昔日的文明辉煌只存在于传说与古迹中的现象；另外一种情况是社会中总有大量的勇敢者，直面激化的矛盾，以基于科学的新思想、新观点为武器，唤起民众，掀起社会的大变革，使科学与技术重新结合在一起，建立起更高效、更具活力的技术创新体制和新的技术实施系统，从根本上解决原来的社会矛盾，迎来社会新的发展阶段。

科学与技术从来都是密切相关的，也代表着人类社会发展的两个重要方面，缺一不可。不论是在前进的方向上，还是在极远、极大或极微的周围，我们都会面临未知，但从来不缺乏勇气，实事求是地面对未知，获得新的科学；人类也从来不是消极的，而是借助探索获得宝贵科学，通过创新构筑技术的武器，克服困难，实现更好的发展，从而展现出人类的智慧，展现出人类的文明。那么，从知识的角度看，科学与技术的关系可以用图4-1表示。

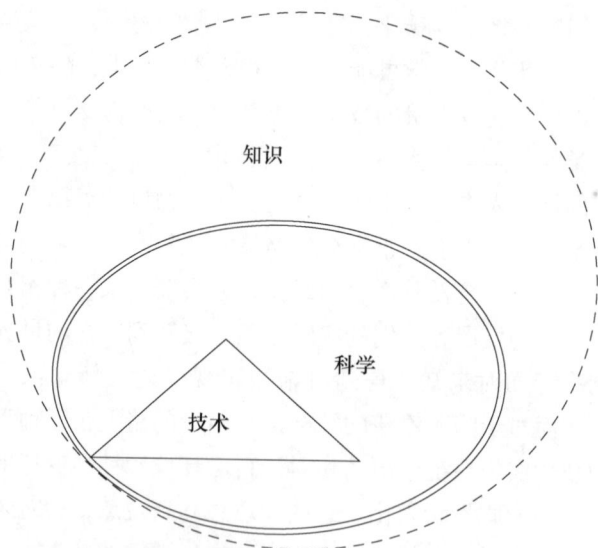

图4-1　从知识的角度看科学与技术的关系

图的含义可理解为：技术必然也必须建立在科学之中，科学表示人类正确认知并形成知识的范围，而技术表示人类按自己的意愿可以实现的范围，并且它们都能以知识的形式被表述出来。技术的极限即是科学的疆界，而科学通过技术才能发挥出力量。

4.1.2　科学探索与技术创新的相互作用

　　前面从知识的层面来看科学与技术的关系，而科学探索和技术创新则是为了获得新的科学和新技术的实践过程。在这部分里我们先介绍电、电磁的发现及其对技术创新的作用和影响。

　　电是人类自古以来就观测到的一种自然现象，如闪电。古人对闪电非常好奇，限于当时条件，自然很难明白其成因，于是便有种种传说。例如，古希腊神话中宙斯的武器雷霆在攻击敌人时就会发出闪电。在中国古代，战国屈原《远游》篇中有"左雨师使径侍兮，右雷公以为卫"。《山海经》为中国古代三大奇书之一，其中就多有对雷神的记载，称雷神为龙身人头，鼓其腹。汉代王充《论衡》中亦有对雷神的描述。在汉代也有"电父"之说，但到唐宋时期，变成了"电母"。雷公、电母成为此后中国神话传说中的重要角色。还有《封神演义》中雷震子使用的武器雷公凿在攻击时也发出闪电。这些传说或可演义为种种优美的传说故事，给人们以极大的想象空间，但却不能应用到生活实际中。

　　古代人类对其他电的现象也多有记录。公元前 2750 年的古埃及的书籍中就有发电鱼的记录，称其为"尼罗河的雷使者"。古罗马医生斯克力帮尼·拉格斯在他的《医学精选》中建议患有痛风或头痛一类的病人，可以触摸电鳐，认为或许电鳐强劲的放电能治疗他们的疾病。

　　而人类自身能控制并观测到的电现象，最早应是摩擦生电。公元前585 年，古希腊哲学家泰勒斯在研究天然磁石时，观察到用丝绸、法兰绒等摩擦琥珀之后，会产生类似于磁石的吸引效果，他解释为磁化，但并不正确，后来的科学证实产生了静电，这就是后来吉尔伯特创造的新拉丁词语"electria"起源于希腊语"ελεκτρον"（琥珀）的原因。公元3 世纪，中国晋朝张华在《博物志》中有"今人梳头，解著衣，有随梳解结，有光者，亦有吒声"的记载，这就是摩擦生电并放电产生闪光和声音。

　　但长期以来，电一直困惑着人类，而种种传说也表达了人类想要了解电、控制和利用它的美好愿望，并以此激励后来者不断探索。直到1600 年，英国伊丽莎白女王的御医——英国皇家科学院物理学家威廉·吉尔伯特在出版的《论磁石》中指出，琥珀不是唯一可以经过摩擦产生静电的物体，钻石、蓝宝石、玻璃等都可以，破除了 2000 年来西方以为琥珀的内在特性产生静电的观点。吉尔伯特还成功制作了静电探测器用于静电荷的探测。因此，吉尔伯特被称为电学之父。后来又有很多科学家在电方面做了进一步研究。

相传 1752 年 6 月美国科学家本杰明·富兰克林与他的儿子做有名的"雷雨中的风筝"实验，证明了闪电也是一种电的现象。现在有很多人对此实验过程持怀疑态度，因为试验证明，闪电通过风筝导线下来后是致命的。后来富兰克林用实验的方法又发现了电荷守恒定律。1767 年英国自然哲学家、化学家、牧师约瑟夫·普利斯特里试验发现带电物体内部电作用力为零，并准确猜测带电物体间的作用力遵循和万有引力定律相似的规律。1785 年法国物理学家、军事工程师、夏尔·奥古斯丁·德·库仑用扭秤试验验证了普利斯特里的猜测，奠定了静电的基本定律——库仑定律，由此使人类对电的研究进入了精确量化的阶段。1791 年意大利医生、物理学家、哲学家路易吉·阿罗西奥·伽伐尼将青蛙通过导线与静电发电机连成回路，启动静电发电机后发现青蛙肌肉的颤动，由此揭示出神经细胞通过电信号控制肌肉，由此拉开了生物医学的序幕。

从 18 世纪末到 19 世纪，电学进入了真正大发展的时期，随着电磁学基本理论的建立和完善，各种以电为核心的技术创新成果大量诞生，人类步入了一个用电的新时代，并彻底改变了人们的生活。

1800 年，意大利物理学家亚历山德罗·朱赛佩·安东尼奥·阿纳斯塔西奥·伏特将铜片和锌片浸在盐水中，并接上电线，制成了伏特电池，是现代电池的元祖，由此给电磁的科学研究提供了比静电发电机更稳定的电源。1820 年丹麦物理学家、化学家和文学家汉斯·奥斯特在课堂试验中发现了电流的磁感效应。随后法国的化学家、物理学家安德烈·马里·安培对其作了定量描述，即安培力定律和安培定律。他们将电与磁联系在一起的现象称为"电磁现象"，应用此可制成电磁铁。1831 年英国物理学家迈克尔·法拉第和美国科学家约瑟·亨利分别独立发现了电磁感应现象，确立了法拉第电磁感应定律。这是支撑发电机、电动机和变压器等几项伟大发明的基本定律。时至今日，这些发明在我们的社会中仍然发挥着巨大作用。1837 年德国物理学家格奥尔格·西蒙·欧姆发现电阻中电流与电压的正比关系，确立了著名的欧姆定律，发展出了一套精致的数学理论来分析电路。

此后，苏格兰数学家、物理学家詹姆斯·克拉克·麦克斯韦在 1864 年发表的论文《电磁场的动力学理论》和以后的论文中，提出了将电、磁、光归为电磁场中的现象，并将其表述为麦克斯韦方程组，实现了物理学自伊萨克·牛顿后的第二次统一。麦克斯韦还提出电场和磁场以波的形式以光速在空间中传播，从理论上预测了电磁波的存在。他的工作为爱因斯坦的狭义相对论和量子力学打下了理论基础，是现代物理学的先驱。麦克斯韦方程组和洛仑兹力方程是经典电磁学的基础方程，并由此相关理论发展出了现代电力技术与电子技术。

1859 年德国物理学家尤利乌斯·普吕克发现了阴极射线，并且阴极射线会随磁场偏转，阴极射线具有可测的动量与能量，这是我们后来显像管电视机和很多其他射线管的基础。随后，英国物理学家约瑟夫·汤姆逊通过阴极射线发现了电子。

在电磁学理论发展成熟的基础上，19 世纪后期，以先进的电磁学为基础，迎来了人类技术突飞猛进的一个时期，继而引发了第二次工业革命。

从电学的发展中可以看出，科学探索始终是技术创新的基础。当科学探索获得初步的成果时，人类便可利用它与现有的技术相结合，构建新的试验条件、设施，从而推动科学探索的深化。当科学探索构筑好了比较完备的理论时，则可以更好指导技术创新，实现技术的大发展。当这些技术创新的成果大量应用后，可以大幅度改善人们的生活水平、大幅度提升人类的能力，而且为更深层次的科学探索提供研究、试验的条件和先进的试验、观测和数据处理的工具、方法和手段。

4.2　科学技术与其他知识能力的关系

上一节从知识的角度来看科学与技术的关系，同时还以实例的方式探讨了科学探索和技术创新的相互作用。那么，科学技术与其他知识——特别是个人的知识又有什么关系呢？前面讲了，科学探索和技术创新都是一个实践的过程，那么，科学技术的实践和与之密切相关的个人与社会的能力之间分别又有怎样的关系呢？在本节中我们将从个人和社会的角度分别来探讨上述问题。

4.2.1 个人知识与科学技术的关系

和人类的知识组成类似，个人的知识也可划分为三个部分，如图4-2（图中的四芒星代表个人知识）所示，其最下面是支撑个人生活的技术，在技术的上面是个人所掌握的科学，在科学之上则是个人的其他所有知识。在人类的知识面前，个人的知识不过是沧海一粟，但人类的知识归根结底也是由无数个人的知识组成的。每个人都有其独特的经历，会形成独特的知识，都应得到他人的尊重。每个人将自己的独特经历如实表述出来，使其广为人知，就是对人类知识的贡献。同样，每个人也应该允许并听取别人的独特经历的表述，并尽力从中获取有用的知识。

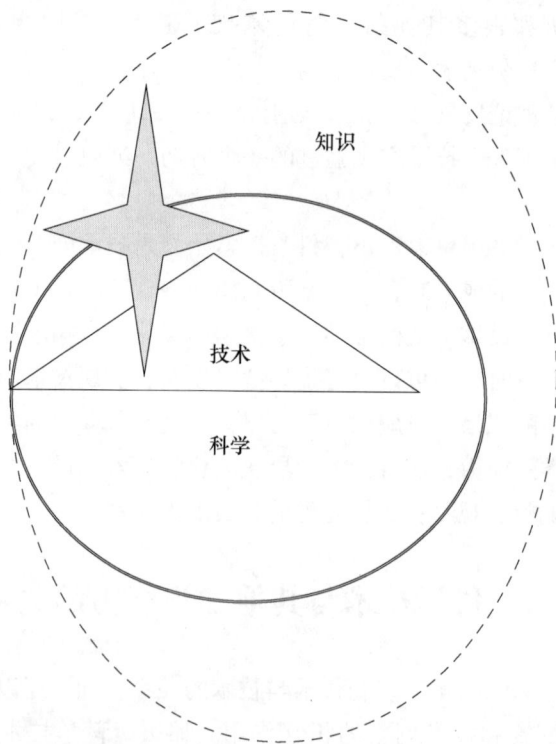

图4-2 个人知识与科学技术的关系

　　个人知识中的三个部分发挥的作用不一样。对于技术这第一部分知识，个人可以按照自己的意愿应用它，指导自己的行动，实现个人的目标。这部分知识也可进一步分为两部分。一部分是学习的技术，这部分技术是从社会现有的技术中，根据个人的需要去学习的。学习技术并不意味就掌握了技术，学习技术的同时，应该按技术的要求去实践锻炼，形成相应的技术能力后，才能算是掌握了技术。而另一部分则是个人根据自己的技术实践而总结出的技术，这是个人的技术输出。个人的技术与个人的技术能力密切相关，是维系个人生活和工作，甚至学习的关键。

　　个人知识的第二个组成部分是科学。个人的科学知识主要是通过学习获得的，当然也可以通过对自己在实践中所接触到的未知世界的现象经过思考并得到验证后获得。个人掌握的科学知识对于确定个人的正确的认知能力和培养正确的人生观都至为重要。个人掌握的科学也是能为个人所用的，当个人用它来解决问题并克服困难后，就可形成个人的技术。若这一技术是别人还没有的，便是技术创新。

　　个人知识的第三部分就是除去个人科学与技术以外的一切知识，这里面包含个人学习到的除科学技术以外的知识，也包含个人的想象、愿望，等等。它给个人提供了宽广的想象空间，是个人想象力的体现。这部分知识可以个人所掌握的不同的技术能力以不同的形式被记录、表达出来，通过其展示的思想、情感、想象力等去影响别人，而这些记录和表达就成为社会知识的组成部分。

　　对一个在社会上正常工作、生活的人来讲，这三部分知识都是必不可少的。只是不同的人的知识组成和多少不一样而已。我们很难想象一个人只有技术的知识，或者只有科学的知识，更难想象一个完全不具备一点技术、一点科学的人能正常生活。由此我们可以看出，一个正常的人，其知识都会穿越科学与技术的边界，都会穿越科学与其他知识的边界。而科学与技术的边界正是技术创新的发生地，科学与其他知识的边界或者它们三者的共同边界则是科学探索得以开展之处。从这里我们可以看出，技术创新和科学探索从来都不是预定阶层或人群的特权，每个正常的人只要能找到自己所在社会乃至人类的知识、科学与技术彼此间的边界，在那里勤于实践、勤于观察、勤于总结，都可以做出技术创新和科学探索的成就来。阿尔伯特·爱因斯坦在他的书房壁上挂着三位科学家的肖像，他们是法拉第、麦克斯韦和牛顿。这三位科学家，连同爱因斯坦都被认为是人类历史上最有影响力的科学家。而其中法拉第就没有受到正式的高等教育，他的低微出身不能为当时的上流社会所接受，所以他受到很多刁难，但这些并没有阻碍他成为一位伟大的科学家。历史上的这种情况还有很多，如 10 岁就因家贫而离开学校，靠后来的自学和实践成为美国 18 世纪的实业家、科学家、社会活动家、思想家、文学家和外交家，参与美国独立战争，并参加起草《独立宣言》和美国宪法的本杰明·富兰克林。

虽然每个正常人的知识都会跨越技术与科学、科学与其他知识的边界，但要看清楚并把握住这两条边界却是很难的。有些对个人来讲是完全不知道的，但对社会来说却是早已明确的科学；有些对个人来说完全是无法想象的，而在社会上则已经是成熟的技术；有些人自认为拥有独一无二的想法，但有可能它们在典籍中早有记载。不能固步自封，以自以为是的"科学和技术"，未经检验或验证就鲁莽行事，而应先进行学习，把自己的想法与意愿告知这方面的专家，来明确界限，明确所要开展的行为是否是技术创新或者是科学探索。

4.2.2　个人能力与科学技术的关系

如前面所述，个人能力也分为两个方面。一方面为个人作为客观存在而具备的天性，应该说其间绝大部分是与他人相同的，其中就蕴含着古人说的"察己则知人"的道理，但在具体方面又表现出差异性。这些差异性使得个人适应社会分工、适合技术能力分工的趋向不同。另一方面则是个人通过学习和实践而培养的技术技能。

天性是简朴、纯真的，其差异性可能由性别、容貌、身形以及出生的环境和成长的经历等方面引起，表现在性格、脾性、喜好、行事风格等方面也不同，因此每个人所擅长的方面也有差异。在前面的章节中已经讲过，除了在偶然的境遇中个体的天性与事件的某种因素形成一种巧合的机遇而使个体取得偶尔的成功外，天性的差异更多体现在适应个体特点的技术学习能够加强天性中的长处，进而形成个体特长的技术能力。

　　很多个人的技术能力，通过社会的一定教育系统或社会环境的锻炼可以获得，如通过儿时的生长环境获得基本的母语能力和在所在社会中待人接物的基本能力，再通过基本的教育掌握基本的语言文字和基本的科学能力，使人具备基本的文字交流、维持基本生活和继续学习的能力。这是在社会上的每个正常人都应具备的，并且通过正常的成长和基础的教育都应具备的，而不需要某种特质才能掌握的能力。

　　但有些个人技术能力却与特质紧密相关，如文学、艺术、科学探索、技术发明等能力。正常的教育只能提供从事这些方面活动的基本的技术能力，但是要想在这些方面取得更新的技术成果，却不是通用的教育能解决的，这方面的原因，我们在后面的章节中再来分析。这些能力的进一步提高和发展与个体的特质密切相关。这些个体的能力与社会的前进和发展有非常紧密的关系，如：文学和艺术可将人与社会的愿望、想象、思考等用可见和可接受的语言或其他的艺术形式表达出来，是知识的重要来源，可扩大人类的想象空间，是精神文明的重要体现；而科学探索是引领人类前进、提高社会正确认知能力的先锋；技术创新则直接提升社会的技术能力，是实现社会繁荣和人类物质文明的重要基础。这些个体能力对任何社会都是非常珍贵的。所以不论古今，我们研究一个社会的时候，一条非常有用的途径就是通过研究具有这些显著个人能力的杰出人物来研究了解该社会的形态。当然这些个体能力也绝不是独立出现的，它们与当时的社会和自然的现实，与社会的包容、理解和支持密不可分。人类作为生物物种的进化在进入人类文明后表现得并不明显，一定时期一定数量的人群，其特性化的分布应该是差不多的，但伟大的文学家、艺术家、科学家和发明家等杰出人物，却不是在什么时期都能涌现的，其原因大概就在此吧。从一定意义上说，人类历史上的伟大人物，除了个性特质的影响外，更多是当时历史条件下的产物。

　　在考虑个人技术能力培养时，要考虑到社会的需求、个人的特长和个人的喜好三个方面。《庄子·列御寇》中记载了这样一个故事："朱泙漫学屠龙于支离益，单（通'殚'）千金之家，三年技成而无所用其巧。"意思是朱泙漫向支离益学习屠龙的技术，耗尽了千金的家产，三年后学成技术却没有什么机会可以施展这样的技术能力。蔡志忠在他的漫画系列之一《庄子说Ⅰ——自然的萧声》中进一步演义道：朱泙漫学成下山，想找一条龙来试试屠龙剑法，四处寻问有没有见过龙。他走遍了天下，但是找不到一条龙，只能叹道："找不到龙，你们谁见过龙？龙呢？——哇！龙在哪里？"蔡志忠评述道："朱泙漫空想而不切实际，他的剑术究竟是能屠龙，还是只能屠狗，谁知道？"因此，在培养个人的技术能力、学习技术时一定要考虑技术对社会的实用性。而支撑技术的是作为其组成部分的相关科学，要"知其然，知其所以然"，就必须要了解直接支撑技术的科学。

美国哲学家、教育家约翰·杜威对现代教育思想影响巨大，他于1896 年创立一所实验中学作为他的教育思想的实践基地，并亲自担任校长。他反对灌输和机械训练的教育方法，主张从实践中学习，强调个人的发展。而个人的发展就要求不应将受培训者按照一个模式看待，而是要根据他们个人的特长和喜好的差异有针对性地进行教育，教育也不仅仅是书本知识的机械传授，更在于在实践中使受教育者掌握能力，只有获得了相应能力，才能实现个人的发展。在中国古代的伟大教育家和哲学家孔子的教育思想里，也深刻地体现出了在教育培养个人能力的过程中，既要注意教育公平性原则，也要注意个性的差异的观点。《论语·卫灵公》就记载"子曰：'有教无类'。"意思是所有人都可以接受教育，而不能因为出生、性别、贫富、贵贱、智愚、善恶等原因把一些人排除在教育的对象外。而在人类历史上教育的特权化和限定化，往往是维持一个阶层、一个阶级享有社会特权的重要工具，教育的隔阂是造成群体分裂和处境不公平的很重要原因。同时孔子又强调"因材施教"。关于《论语·为政》"子游问孝"和"子夏问孝"处，南宋著名的理学家、思想家、哲学家朱熹集注引北宋著名儒学家程颐曰："子游能养而或失于敬，子夏能直义而或少温润之色，各因其材之高下与其所失而告之，故不同也。"这就是"因材施教"成语的出处。《列子·仲尼》中记载："子夏问孔子曰：'颜回之为人奚若？'子曰：'回之仁贤于丘也。'曰：'子贡之为人奚若？'子曰：'赐之辩贤于丘也。'曰：'子路之为人奚若？'子曰：'由之勇贤于丘也。'曰：'子张为人奚若？'子曰：'师之庄贤子丘也。'子夏避席而问曰：'然则四子者何为事夫子？'曰：'居！吾语汝。夫回能仁而不能反，赐能辩而不能纳。由能勇而不能怯，师能庄而不能同。兼四子之有以易吾，吾弗许也。此其所以事吾而不贰也！'"意思是：子夏问孔子："颜回为人怎么样？"孔子说："颜回的仁德胜过我。"子夏又问："子贡的为人怎么样？"孔子说："子贡的辩才胜过我。"子夏又问："子路怎么样？"孔子说："他的勇气胜过我。"子夏接着问："子张怎样？"孔子说："他的庄重胜过我。"子夏于是离开席位问道："既然如此，为何这四人都以你为师呢？"孔子说："你坐下，我告诉你：颜回虽然仁爱，但却不能改变；子贡虽能言善辩，却不知内敛；子路虽勇，但却不知退让；子引虽庄重威严，却难和大家打成一片。如果以他们四个的长处与我比，我是不如（但我知其短处），所以他们才始终如一以我为师。"这是孔子因材施教培养学生的具体实例。

捷克伟大的民主主义教育家、西方近代教育理论的奠基者扬·阿姆斯·夸美纽斯就讲得更明确了，他在传世巨著《大教学论》中写道："所有青年，不论男女，不论富贵或贫贱，都应该进入学校。"他认为"人的智力生来虽有差异，但世界上找不到一个智力低到不能受教育的人。"他针对当时学校的弊病，指出"学校成了儿童的恐怖场所，变成了他们才智的屠宰场。"他说："我们的格言应该是：凡事都要跟随自然的教导。""有些人是伶俐的，有些人是迟钝的，有些人是温柔和顺从的，有些人是强硬不屈的，有些人渴求于汲取知识，有些人较爱获取机械技巧。"在书中，他针对不同性格的人，提出了不同的教育培养的方法。

当然有些时候，个体的兴趣爱好和他的特长未必一致，当个人选择学习科学技术、培养技术能力时，首先应该发现和利用自己的特长，尽可能地使自己的兴趣爱好与自身的特长一致，这样就能在能力培养的过程和应用能力进行工作劳动的过程中体会到乐趣，使能力发展得更好，取得最辉煌的劳动成果。而当个体的特长与兴趣爱好差异很大时，培养适应特长的技术能力，并应用之，亦可在能力上达到很高的高度、做出很大的贡献，但却很少能品尝到工作劳动的欢愉。而完全依靠兴趣、爱好，但所学却是己身短处时，则能力的培养发展极为缓慢，对特长要求高的技术技能，甚至成为不可能。这时若要凭其工作劳动养家糊口，会甚为艰难，多时只能成为"粉丝"。

在个人能力的培养中，还要特别注重将科学与技术结合起来，培养实践和动手能力。而知识的学习一定要基于科学和技术，勤于实践，这样才能培养学以致用的能力，否则只培养了想象的能力，在现实生活中，连个人的生活都恐难为继。《儒林外史》是中国古代描写现实、讽刺和批判八股科举制度的杰出小说。文中周进、范进这两个腐儒的典型人物，就深受八股科学之害，以八股中举为学习的目标，全然不会基本的生活技能，在生活中受尽凌辱。周进在贡院前扶号板痛哭，以至口吐鲜血，还是因后来有商人们答应为他捐一个监生进场，他才破涕而笑，磕头致谢，表示来生变驴马相报。范进去应试被屠户岳父骂为"癞蛤蟆想吃天鹅肉"，听到中举后欣喜若狂以至神经错乱。他们都是这方面的典型。

4.2.3 人类的知识与科学技术的关系

从前面讲的有关知识，以及科学、技术的概念及特点来看，可以假设人类所有的知识如一个圆球，如图 4 - 3 所示。

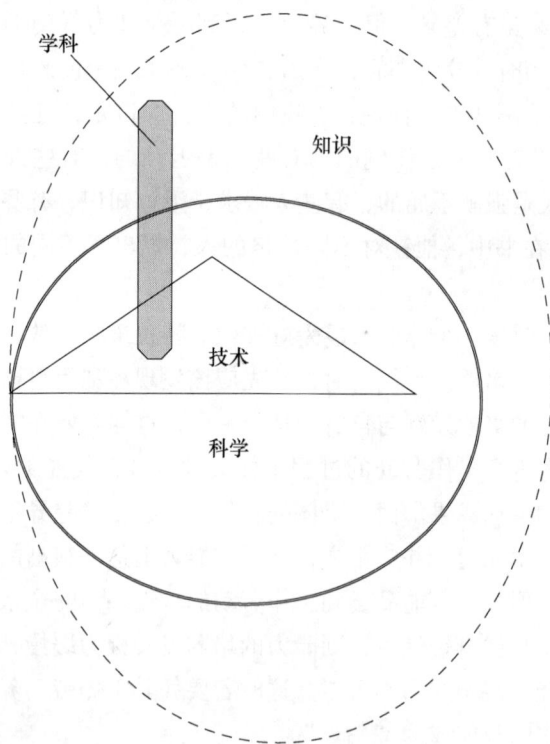

图 4 - 3 人类的知识与科学技术的关系

　　在图 4–3 中，知识之球由三层组成，而知识之外，则是人类彻底的未知，知识的边界被称为人类的"视界"也不为过。从知识边界之内到科学边界之外，为表述方便，我们不妨称其为其他知识或一般知识，这里面充满着人类的想象、思考、愿望、理想等，凡是人类现在还不能验证的知识都可归入其中，它可被看成是客观的未知世界或者是还没被全然了解的存在与人类的想象交织的区间，是人类想象力的体现。而我们常说的科学假设、假想，只要没有验证，仍然属于这个范围，只是其离科学的边界极其近罢了。它们若验证为真，则进入科学，科学的边界会由此扩展一点。科学探索也如此，我们站在科学的边界，面向未知，不论是彻底的未知，还是与想象交织的未知，我们若能得到真实的现象、正确反映观察对象的规律，并将其准确表述出来，这些即为新的科学，则科学的边界自然又向外扩展一点。历史中的无数实例表明，当科学的边界能向外扩展一点时，那么知识的疆界或许能扩展很多。例如，爱因斯坦的广义相对论提出后，我们所观察的宇宙中的很多现象得到了合理的解释，也有很多观测的数据得到验证支持，其条件是严格明确的，成立的结论也是严格明确的。但如果我们认为它就是对宇宙解释的唯一真理，就不对了。宇宙中还有很多人类没有见过的现象，还有很多的规律人类没有认识到，不能企望一个定律、一个理论能解决所有问题。因此科学家们对于能否用已有的科学解释新现象是非常慎重的。但广义相对论将时空一体化，使时间成为第四维，认为在引力的作用下，时空都会发生变化，由此预测了黑洞的出现，提出了时空的分界线——奇点。时空的可变和黑洞、奇点的未知特性，给了人们以极大的想象空间，在这种情况下，不仅有很多关于时空的新猜想被提出，同时很多现代科幻小说也有了新的理论，人们在想象的空间里探讨时空穿越——甚至时光倒流给人类带来的种种可能影响，这些最终都以不同形式的知识沉淀在一般知识的范围中，扩大了知识的范围。现代技术已经可以通过数字影像将人类想象中的景象逼真地表现在影视作品的数字虚拟世界中。这些虚拟世界可以娱乐我们、扩大我们的想象力，虽很多时候被冠以"科学幻想"的称谓，但却仍只是在一般知识的范畴内。

　　进入科学的边界后，就是人类的已知世界，这是人类知识的核心，是人类正确认识的范围，整个科学范畴可以被说成是自人类在地球上诞生以来所有在地球上生存、劳作过的人们能够传承下来的有效劳动的结晶，是全人类的共同财富，是人类社会赖以生存和持续发展的重要基础。再向里走，就到了技术的边界，即技术的前沿。技术的边界代表着人类的能力水平，技术的创新主要发生在技术的边界上，人类通过创新提升自身的能力，也就扩展了技术的边界。技术创新的极限就是它与科学的疆界。图4-3中的技术划定的范围是人类能够有效应用科学的范围，而技术体现的能力则可被形象地理解为垂直于纸面向上发展的第三维坐标的高度。技术能力可以帮助人类达到更远的地方，可以极大丰富人类的精神和物质生活，提供给人类抵御未来危险的方法和措施，也可提供实现科学探索的更好的工具、方法和手段等。科学的边界、技术的边界和知识的边界是有可能发生重叠的，但技术的边界不可能突破科学的边界，同样，科学的边界也不可能突破知识的边界。

图4-2表示的个人知识类似，对于一门公认成立的学科来讲，从知识的角度看，其知识必定跨越技术、科学或延伸到一般知识的范围内。如果仅限于技术范围内，则可以用现有的技术来解释；如果仅限于科学和技术的范围内，则可以用现有的科学技术来解释。但对于一个处于发展过程中的学科，其间必涉及未知，或还有很多未及验证的假设想象。学科的根基在技术，说明至少有人们能掌握并重现的部分，若这部分都没有，我们很难想象一个学科能够被公众认可；基于科学的部分表示其能够提供给人们正确的认识。这两部分是构成任何一个学科存在和发展合理性的基础。学科的技术创新主要体现在该学科技术的边界上，其作用为加深学科的技术基础、加强存在的合理性。在学科内的技术与科学的边界正是技术创新推动学科发展从而推动人类能力提高的主战场。而学科在科学范围内的边界，是本学科的科学与其他科学交界的地方。当本学科的科学在边界处与其他科学融合发展后，成为本学科的科学，也就扩展了本学科在科学里的边界，增强学科后续发展的动力。因此任何学科的发展必须注重学习别的学科中科学与技术的成分，汲取营养，加强自身。而本学科的科学与一般知识的边界，是学科的科学探索的主战场，是学科发展的主要方向。学科在其探索上获得的新科学，在扩展学科的科学边界的同时，也扩展了人类的科学疆界，是学科对人类的贡献。在一般学科知识的范围内是学科的假设、学科的梦想、学科的

想象，可能是学科中看起来最诱人、最光彩、最浪漫，也最容易被了解的部分，它们与人类的梦想交织在一起，如果能达到知识的边界，也可为人类知识疆域的扩大做出贡献。这部分可为学科的发展提供启示，提供线索。如同个人知识中最难的是对自己技术与科学边界的准确把握一样，学科对自身与人类科学、技术的边界的清晰划定也是很难的。而学科的专家和学科的引领者即是清楚这些边界所在、在边界上勤奋工作、融入新的科学技术、开展学科的技术创新和科学探索的人。

当学科发展到一定程度时，若其构成的直接基础为其他次一级的成熟技术时，在发展中，如果不注重对其构成的科学根据的研究、不重视与科学的结合，只看到其构成的具体技术，则会出现发展迟缓，甚至不知其所然的状况。中国古代很多技术的发展都有类似现象。社会上的很多读书人，如《儒林外史》中的周进、范进一般，只专注八股科举考试要求的几本典籍。诚然这几本典籍是中国古代智慧的体现，其中包含有科学和技术的成分，但却并非是可完全支撑社会生活的科学与技术，很多仍然属于一般知识的范畴。而且古人之说亦是针对当时社会的具体情况，并不一定就适应以后社会的发展。但八股科举制度则全然不顾社会现实的需要，将社会的教育全寄托于对古书的理解与演绎上，考试需按"八股文"的要求应试。所谓八股文，是一种有严格文体要求的应试文体，股为对偶之意，即文章必须用对偶句行文。文章严格按破题、承题、起讲、起股、虚股、中股、后股、束股八部分来写。文章题目严格限制于"四书""五经"之内。所谓"四书"是指《论语》《孟子》《大学》和《中庸》，而"五经"是指《诗经》《尚书》《礼记》《周易》和《春秋》，简称"诗、书、礼、易、春秋"。原来还有一本《乐经》，合称"六经"。只是《乐经》后来遗失了，便剩五经。考生在考试时，写八股文的内容主要依据宋代朱熹《四书章句集注》中的论点，不许任意发挥自己的见解，而且行文时必须使用古人的语气，代圣人出言，观点必须符合程朱理学的要求。这极大束缚了人们的思想，也极大限制了人们进行科学探索的积极性。

程朱理学由北宋周敦颐开创，后由程颢、程颐等人继承发展，最终由南宋朱熹集其大成。朱熹于 1190 年在漳州刊出的卷数达 19 卷的《四书章句集注》巨著，是程朱理学最著名的代表作，后被封建统治阶层视为金科玉律，成为了约束、奴役中国古代知识分子的法宝，统治者对它的使用到清朝可谓达到巅峰。程朱理学认为：理是万物起源，理是善的，它将善赋于人就成为本性，将善赋于社会就成为"礼"；人若在现实中迷失自己，便失去了"理"的本性，社会若迷失了，则失去了"礼"；同时由于理是万物之源，所以任何事必有一个"理"，可以通过研究事物的"理"即格物，从而认识其真理的目的即致知。但它又提出"存天理、灭人欲"，认为构成人间社会的理体现在伦理道德的"三纲五常"（三纲：君臣义、父子亲、夫妇顺，五常：仁、义、礼、智、信），"人欲"是指超出维持人的生命的欲求和违背礼仪规范的行为。这种将封建纲常与宗教的禁欲主义结合的思想，适应了中国封建社会从南宋以后发展转型、增强封建专制的需要，成为封建统治者的官学。但社会的发展从来不只依靠某种学说，如前面所说，科学与技术是支撑社会发展的核心支柱。在古代中国知识的学习与技术分离，但技术才是维系人们生活的根本所在，它却潜行在古代中国最为广大的百姓中间。而好些所谓的读书人，在没有金榜题名、进行国家社会的管理工作前，对此既不关心，也不愿花一点时间学习了解，更别说实践锻炼了。如此才有如周进、范进这样的腐儒，近现代以后还有鲁迅小说中的孔乙己。他们只知遵循理说，梦想一日鲤鱼跳龙门，飞黄腾达，富贵荣华，却不知学以致用的道理，造成他们的迂腐和中举前生活的艰辛。但社会对技术的要求又是很实际和迫切的，当知识与技术分离后，在古代中国始终有一条汹涌澎湃的长流，这就是真正支撑中华民族发展的力量——各种实用技术的传承和发展。知识与技术脱离后，中国古代知识分子能够关注和推动技术发展的少之又少，接触和深入的实际机会也很少，直接影响了中国古代的科学发展，也使得技术提升迟缓，这是近代中国落后挨打的重要原因。

4.2.4 社会技术能力与科学技术的关系

如同个人一样，社会是一种客观存在，它也有属于其本质天性的能力和技术能力，而人们能掌握的主要是技术能力，在本节中我们也只谈社会的技术能力。

社会的技术能力与科学技术及一般知识的关系如图4-4所示。

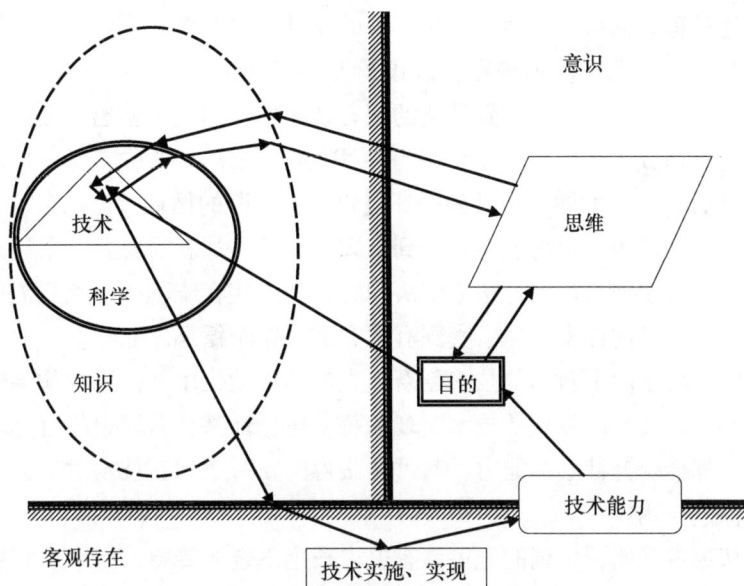

图 4 - 4　社会的技术能力与科学技术的关系简图

　　图中的知识、科学、技术既可为社会意识所产生，也可为社会已有
的或从外部引入的。这里的意识是指社会的意识，社会意识可被视为其
所有组成人员的意识的总和，同样可被理解为社会的思维。意识用人们
可交流、学习、掌握的语言、文字、图形、符号、音像乃至现在的数字
技术表示在客观的媒介上，就形成了知识。而思维在其中起着主导作
用。既然知识可分为三层，那么意识和一般知识、科学与技术都有交互
式的作用。一般知识的范围代表社会的想象力，科学的范围代表人类的
正确认知能力，而技术的范围则可代表社会的技术能力的潜力。如
图 4 - 4 所示，社会意识根据当时的现状及诉求提出期望实现的目的。
但如何实现这一目的呢？就需要将这一目的与社会现有的知识相结合，
确定具体的实现过程。如果目标实现的知识，环节中有任何环节还处在
一般知识范围内，则目标只能停留在想象空间里。若目标实现的知识环
节全在科学中，则目标具有可实现性，若技术中则是能实现的。如果落
脚到现有技术上，则是一个技术的实施过程；如果需要创新，则是技术
的实现过程。不论是技术实施还是技术实现，都是一个实践的过程，是
一个根据目标要求，将"理论"与实际相结合的过程。区别在于，技

术实施过程只需按技术要求组织客观的条件满足其要求，就可达到预期的目的；而技术实现则需在实践中检验技术创新的成果与目的的一致性，并形成新的技术充实到社会的现有技术中，而这个检验、改进、完善的过程构成了图中"目的→知识→科学→技术→技术实现→技术能力→目的……"的螺旋上升的循环过程。在不断的循环中，社会也可能有新的知识产生，也可能会接触到未知的情况，那就需要要么采用别的基于现有科学与技术的方法来解决问题，如果实在绕不过，就只能停下来，开展科学的探索工作，直到有了突破，这个循环才能继续。而这种获得的新科学除了对当前技术创新起直接的推动作用外，还往往会促使其他科学和技术的发展。技术实现的每一轮循环都会向理想的目标前进一步，都会提升社会的能力，其可能获得的新科学和新技术对社会可以起到促进作用。

从远古开始，中国的先民就有追求长生不老的梦想，后来道家更把它当作孜孜以求的目标，并把它付于实践中。直到现在人类的科学仍然无法使人长生不老，更不用说在古时，这就注定只能是一个探索的过程。为此道家在探索的过程中提出了很多假说，形成不同流派，其中基于炼丹术就形成了一个非常重要的派别。在战国时期，从事炼丹的道家流派从自然界中金石一类物质不朽长存的特性中得到启发，认为人服用金石炼制的丹药，就可如金石般长存。随着道教的发展，炼丹服食在两晋、南北朝和隋唐时期蔚然成风，甚至到明代亦不绝。明代三大奇案之一的红丸案也与炼丹有密切关系。明朝的明世宗朱厚熜，即嘉靖皇帝，后期就崇信道教，痴迷于炼丹，不仅没能长生，而且还由于长期服食丹药导致身体越来越差，误政、误国，还引发了"壬寅宫变"，差点命丧黄泉。在中国古代，因信炼丹、服食而早亡的帝王有很多位，就连一世英明的唐太宗也不能幸免。炼丹术可以说在一定程度上影响了中国历史的发展进程，但却从来未见一个能够服食金丹而长生的人。炼丹的目的从没有实现。但是在炼丹的实践过程中，却诞生了一项影响后世的伟大发明——火药。火药的具体发明人已不可考，众多史籍表明，最早的火药应是在 9 世纪后半期唐朝末年问世的，在《诸家神品丹法》第五卷中，就记载有唐初的医学家和炼丹家孙思邈的"丹经内伏硫黄法"，表明那时已初步掌握了由硝石、硫磺和木炭混合制作火药的配方。在北宋官修御定的《武经总要》中，已经最早完整刊出了火药的配方和制作的工艺。除了火药外，炼丹术在实践中积累的大量物质特性及其相关反应的知识，可以被看成是最早的化学雏形。炼丹术后来传到阿拉伯地区后，就演变成为炼金术，据考证阿拉伯语中"炼金术"一词就源于汉语泉州方言"金液"的发音，炼金术自阿拉伯传入欧洲后，发展成为化学，"化学"的词源正是阿拉伯语的"炼金术"。

当一个社会面对新的科学与技术，而不能与之相适应时，要么采用压制的方式，阻碍科学技术的发展和应用，最终导致社会的落后，要么进行相应的变化，使社会得到更好的发展。在封建社会里，森严的等级制度、王权天授的观念是其重要的特征。但火药的出现，可以使个人的能力得到极大的提高，直接威胁到封建社会的存在根基。火药最早在唐末就被应用于战争，宋代其技术更趋于完善，到了明代，中国的火药武器发展到一个高峰，很多现代武器如各型火炮、水雷、鱼雷、火箭等的雏形出现，并被应用于战争，取得了实战效果。但另一方面，统治者深知火药的厉害及扩散后对其统治的威胁。自宋以后，火药武器皆由国家的专门机构负责，民间除了做点鞭炮外，禁止制作或使用火器。军队虽使用火器，但直到清末才有针对火器进行正规训练作战的新军，其余的无不例外地全按冷兵器的方法训练、指挥，只是在战事紧要的关头，才将火器暂时发放给部队，正所谓"将不知作何排阵，兵不知如何用好"，火器的威力远远没有发挥出来，反而由于战事的失利，火器技术被敌方所获，由此火器技术扩散至阿拉伯、欧洲，改变了世界历史的进程。清朝对火器的限制较明代更甚，火器技术一直停滞不前。而与此同时，火器在欧洲已得到长足发展，不仅成为粉碎欧洲封建统治，迎来资本主义曙光的利器，而且火器技术在其他科学技术的发展融合下，得以快速发展并已成为新式军队的基石。马克思曾说过："火药、指南针、印刷术——这些是预告资本主义社会到来的三大发明。火药把骑士阶层炸得粉碎，指南针打开了世界市场并建立了殖民地，而印刷术则变成新教的工具，总的来说变成科学复兴的手段，变成对精神发展创造必要前提的最强大杠杆"（《马克思恩格斯全集》第47卷，人民出版社，1979年版，第427页。）李约瑟在《中国古代科学技术史》中对包括火药在内的古代中国科技的评价是："在中国完成的发明和技术发现，改变了西方文明的发展进程，并因此实实在在地改变了整个世界的发展过程。"

中国古代封建社会对以火药为代表的科学技术的压制，只是阻碍了资本主义在中国的萌芽，使封建社会得以苟延残喘，一旦面对西方坚船利炮时，就束手无策，一溃再溃。清朝末期，迫于世界形势，不得不仿照西方组建近代化的新式军队。但新的科学技术的引入，必然会带来新的思想，必然会更显得封建统治的落后与愚昧。清王朝费尽心力组建的新式军队、派出的留学人员，最终也成为清王朝的索命使者。

每个社会依赖的环境不同，构成的民族不同，发展的历史进程不同，会形成自己独特的文化传统，而这些文化传统的核心是该社会赖以生存和发展的科学技术，以及形成的技术能力。每个社会独特的文化传统，特别是其特有的科学与技术，都是人类知识的重要组成部分，都是人类科学技术的重要组成部分，所形成的针对其具体环境的技术能力，也是人类技术能力的表现。或许在某种特别的困难时期，这种科学与技术或技术能力会为人类克服困难、迈向光明未来提供一种可能，一点启发或者是一种方法都是至关重要的。每个社会保持其独特的文化传统、保存其特有的技术技能，对人类来讲都是珍贵的，不能因为观点的差异、信仰的差异、自己的不理解或无知的恐惧就去肆意贬低甚至毁灭不同于自己所在社会的其他社会的文化。例如，玛雅文明是拉丁美洲古代印第安人文明的杰出代表，它在科学技术和文化艺术方面都有极为重要的贡献，在广茂的南美丛林中留下了许多即使现在也令我们叹为观止的伟大遗迹。玛雅文明可追溯到公元前 2000 年，其鼎盛时期在公元 600 年到公元 900 年之间。其有着独特的语言，在数学与天文学方面非常精通，可以根据历法计算出很多星球的运动轨迹，有些到现在我们仍然不知其确定的根据。公元 999 年，玛雅文明突然开始衰落，原因不明。如果我们能够确实了解其中原因的话，也许会对人类未来的发展具有重要的启示。进入 16 世纪后，玛雅文明已近尾声，但在尤卡坦半岛上，还残存着一些玛雅小邦，这可能是我们了解玛雅文明的最后机会。1526 年，一支西班牙探险队前往尤卡坦，试图建立殖民地，并推行基督教。玛雅人不肯屈服，开展了长达百年的武装反抗，但这种以石器时代的袭扰战对付已经装备有火药武器的入侵者的方式，造成双方的战争技术能力存在巨大落差，注定了这种抗争难以取得成功。1697 年，最后一个玛雅城邦在西班牙人的炮火中灰飞烟灭。西班牙在征服南美的过程中，对于不同于自身的文化采用了粗暴的铲除策略，被形容为"铲除一个文化，如同路人随手折下路边一朵向日葵一样"。由于当时以玛雅文明为代表的诸多南美文明，主要掌握在祭司和贵族的手中，当城破国亡时，西方的入侵者对掌握其文化的祭司和贵族阶层大开杀戒，使其知识失去了传授的系统，再加之后来西班牙人实在看不懂玛雅的文献，并惊恐于其文明，当时的西班牙主教迪亚哥·德·兰达，在 1562 年 7 月便以为异教学说为由，下令将其毁掉。好在当时有位牧师为了保留呈贡教廷的作为异端学说的证据，从火堆中拣了 3 份刻本，或是 4 份刻本碎片，即德累斯顿刻本、马德里刻本、巴黎刻本、格罗里刻本（格罗里刻本的真实性备受质疑），并把它们留下来，这才使后人能够一睹玛雅文献的芳容。但这些文献终究是沧海一粟，时至今日我们仍然无法解开玛雅文明的奥秘。玛雅文明除了突然衰败之谜以外，还有：在石器时代的社会，竟然具有如此复杂高深的数学和天文学知识；采用二十进制，发现并使用了"零"的概念；在玩具中有轮子的出现，在实际生活的遗存中却未见轮子的使用，但依然创造了具有高度文明的城市和宏伟建筑群；采用了独特且复杂的玛雅象形文字系统，等等。

　　这个实例以及前面讲的几个例子也从反面告诉我们，社会与社会的竞争在过去、在现在、在我们可以预见的未来仍然会存在，一个在表征社会主要技术能力的国防、教育、通信、交通、医疗卫生等核心科学技术方面处于绝对落后地位的社会，面对由先进科学技术武装起来，具有更领先甚至更高阶技术能力的社会的攻击，几乎无还手之力，只通过企求强者的仁慈以期自己的文化延续下去是极不靠谱的事。落后的社会要存在延续下去，只有通过学习并掌握先进的科学技术，在根本上提升社会的技术能力，使之具备与强者抗争的实力，这才是可行的途径。这种科学技术的领先或落后，不仅是关于自然科学和一般直接的工、农业生产和商业运作等领域"致于物"的科学技术，还包括对自身社会的正确认知和对社会资源的有效组织与高效利用。有时"致于物"的科学与技术暂时落后，但可以通过对自身社会和周围环境的正确认知，将每个成员的能力发挥好、应用好，实现高效的社会组织运作，在一定条件下，可以弥补"致于物"的科学技术的落后，为总体落后的社会赢得一定的发展时期，使落后的社会也有希望实现振兴，赶上并超过先进的社会。反之，先进的社会如无海纳百川的胸襟，没有勤于科学探索、敢于技术创新的勇气，固步自封，疏于实践，也必然会走向没落。

同时也可以看到，试图将本社会的先进文化和知识限定于社会的某一特定人群或阶层的做法，固然对所谓的统治稳定有利，但却对知识的传承、科学和技术的发展，乃至社会的进步极其有害。

4.3 科学技术与智慧

我们在前面介绍智慧时说过，智慧是人与社会通过完成的事所展示出的能力、所展示出的其与客观存在相互作用的程度，及其所展示出的科学认知的范围和技术所达到的高度。因此说，智慧一定是可去了解的、可去实证的。智慧的产物是佐证当时文明的状况、估证当时科学与技术的最好实证。特别对于很多远古的文明，因为很多特殊的原因，如战争、灾害和疾病等，其知识的传承遭到了破坏，后人已无法详细了解其科学与技术，但通过其遗存，人们仍可见一斑，甚至这些遗存会对后来的科学技术的发展产生某种有益的启示或佐证。

公元前3世纪腓尼基旅行家昂帝帕克总结了沿途所见的最伟大的人造景观，称之为"世界七大奇迹"，分别为：巴比伦的空中花园、法洛斯灯塔、摩索拉斯王陵、宙斯神像、罗德斯岛太阳神雕像、阿尔忒弥斯神殿和埃及金字塔。还有种说法是，公元前2世纪拜占庭人斐罗根据前人的记录和自己所见，写下了《世界七大奇迹》一书，在书中首次明确提出了这七大奇迹，但此书已失传。直到公元7~8世纪，中古英格兰诺森布里亚王国史学家毕德，在一篇名为"关于世界七大奇迹"的文章中记述了斐罗所列的世界七大奇迹，这成为现存最完整的记录。只可惜不论是昂帝帕克，还是斐罗，以及后来的毕德，他们都没有到过古代的中国，不知道古代中国的奇迹。后人提出的世界中古七大奇迹才将中国的长城和南京大报恩寺的琉璃宝塔纳入其中；秦始皇陵的兵马俑发现后，因其规模宏大，陵园面积有56.25平方千米，相当于近78个故宫，是世界最大的地下军事博物馆，引起世界轰动，被称为"世界第八大奇迹"。可以说，每处奇迹，只要它确实是存在过的，就是人类智慧的展现。每一处奇迹都令人们充满着敬仰，它们不仅告诉我们过去的伟大，同样也以实物展示给我们过去的科学与技术的成就。

在前面讲的世界七大奇迹中，除了埃及金字塔外，其余都已毁坏，像巴比伦的空中花园更是无迹可寻。古希腊历史学家斯特拉波与狄奥多罗斯对空中花园有完整的记录，但这种记录主要还是从一个地区发生的历史事件和当时的传说的角度去记录的，并不是一种居于专业建筑或者宏大工程组织实施的技术角度的严谨的记录，更缺乏能包含更多、更准确信息的图形实录，所以到现在我们仍对巴比伦空中花园的准确情况缺乏了解，对其建筑和使用过程中应用的科学和技术就更难了解了。这虽然给了后人更大的想象空间，使后人可以据此创造出更多的神话传说，但给我们的实实在在的智慧启迪是很有限的。又如阿尔忒弥斯神庙，历史有明确的记录，它位于今天土耳其伊密兹密尔以南 50 千米外的以弗所废墟处。它于公元前 550 年由居住在以弗所的希腊人请身为建筑师的克里特人伽雨瑟夫农、梅塔杰那斯父子设计兴建，作为祭祀希腊神话中的月亮女神与狩猎女神，即宙斯与泰坦女神的女儿阿尔忒弥斯（又译作"阿蒂密丝"或"亚德美斯"，罗马神话中又称为"狄安娜"）的神庙。阿尔忒弥斯是希腊神话中少有的处女神，与雅典娜、赫斯提亚并称为"希腊三大女神"。根据古罗马科学家普林尼的记录，神庙用大理石建成，长 115 米，宽 55 米，用 127 根高 19 米的具有古希腊建筑特色的爱奥尼柱式圆柱支撑起屋顶。神庙的修建持续了一百余年，直到波斯的阿契美尼德帝国时才完成。公元前 356 年 7 月 1 日，阿尔忒弥斯神庙被一个想留名于世的年轻希腊人黑若斯达特斯纵火烧毁，相传这一天也是马其顿的亚历山大二世——即常说的亚历山大大帝——的诞生日。以弗所当局为了阻止黑若斯达特斯的目的成真，不仅下令处死了他，还下令禁止任何书籍记载黑若斯达特斯的事迹，但这一"壮举"却被史学家泰奥彭波斯记录下来，让这位疯狂的年轻人与阿尔忒弥斯神庙一起留在了历史上。这位年轻人的名字后来也在欧洲的文化中成为"特殊"的象征，如在德语中，"黑若斯达特斯"指那些热衷于追逐名声的人，而在英语中"黑若斯达特斯名声"指不择手段得来的名声，在芬兰语中"黑若斯达特斯名声"则指因为不好的事情而得来的名声。公元前 323 年阿尔忒弥斯神庙又开始重建，其规模较以前更大。公元 262 年哥特人攻击以弗所，抢劫并破坏神庙，之后神庙被修复，一直到公元 4 世纪，渐因没人前来朝拜而荒弃。公元 401 年，君士坦丁堡牧首，基督教早期教父，因其素有出色辩才"金口"之称的约翰一世，又称"金口若望"，带领民众拆毁了神庙，并用神庙的石材兴建了其他建筑，阿尔忒弥斯神庙至此毁尽。直到 1869 年，由大英博物馆资助的考古学家约翰·特陶·伍德发现了阿尔忒弥斯神庙的遗址，阿尔忒弥斯神庙再度引起世人的关注，发掘考古工作一直持续到 1874 年，人们发现了大量珍贵的文物，部分被收藏于大英博物馆的以弗所厅，在以弗所阿尔忒弥斯的旧址上，用被发现的大理石拼成了一根柱子作为纪念。只要能找到遗址，我们便可考察奇迹产生的自然环境特征，通过对遗址的考古，我们可进一步了解当时社会的现状及人们的生活，若能发现文字则更为珍贵。不仅如此，我们还可从其兴衰中观察人类社会不同时期在当地的变化和影响，也可体察当地科学、技术的发展融合，甚至消退，这一切都是智慧留给后人的宝贵财富。所以对人类来说，保护好在历史上有重要意义的事物——即便是遗存——很重要，而且随着科学技术的进步，从同样的遗存中可能读懂的信息越多，发挥的作用也就越大。

七大奇迹中唯一还留存于世的是埃及金字塔，正如埃及的一句谚语"人怕时间，时间却怕金字塔"所说的一样。在众多金字塔中最著名、最高大、最具神秘色彩的是位于开罗西南约 30 千米处的吉萨高原孟菲斯墓地的胡夫金字塔。拿破仑曾来到胡夫金字塔下，为金字塔的宏伟壮丽和悠久历史所感动，怆然叹道："5000 年的时间在看着我。"他回国后仍对金字塔念念不忘，说他的梦留在了孟菲斯。胡夫金字塔建于公元前 2760 年，原高为 146.5 米，每边长 230 米，用 230 万块巨石建成，它们大小不一，小的有 1.5 吨，大的有 160 吨，平均重约 2.5 吨。如果这些石块沿赤道排起来，总长相当于赤道全长的 2/3。胡夫金字塔的石块结合非常紧密，连张纸也插不进。塔内有三处被认为是墓室的主屋，第一处是胡夫原来的墓室，第二处是王后墓室，第三处是真正安葬胡夫的地方——被称为"国王墓室"。但遗憾的是，人们至今也没有发现胡夫法老（又称为"奥普斯国王"）的遗体。胡夫金字塔的建造无疑是一项宏大的工程，由于没有确实可考的文献详述其建设的方法，后人多是通过对现场的考古和一些零星片断的记录来推测其建成的方法。公元前

5 世纪，古希腊的作家和历史学家希罗多德曾记载，建造胡夫金字塔的石头是从"阿拉伯山"（可能位于今天的西奈半岛）上开采来的，修饰表面的石灰石开采自尼罗河东的图拉。按他的估计，建造胡夫金字塔至少需要 10 万人分工协作耗费 20 年的时间才能完成。但在四千多年前的古埃及，没有炸药，没有大型的运输工具或工程机械，甚至连钢针一类的铁制工具都没有，仅靠用铜制工具在岩石上打眼，然后插入木楔，灌水，木楔膨胀后碎开石头，然后再凭人力和畜力借助滚木将石材运至建筑地点，再逐一精确砌垒，按照此种方式完成这样宏大的工程是一件很难想象的事情。有的考古学家甚至说，要维持这样庞大人群的劳动，需要有高度发达的农业，而且人口规模要达到 5000 万以上。但古埃及周围多是沙漠和大海，农业仅能集中在狭长的尼罗河流域，其人口处于峰值时也不会超过 2000 万。因此，对于前面说的胡夫金字塔的建造技术，仍有很多难以解释的地方。由于存在多种疑问，随着近些年 UFO 事件的流传，有些学者甚至认为胡夫金字塔是外星人建造的。还有人将金字塔与神秘学联系起来，认为金字塔是史前的文明所建。但这两种说法，等于将埃及祖先的文明与智慧全盘否定，也是与在金字塔周围发现的参与金字塔修建工作的大量人员的居住遗迹相矛盾的。2000 年法国人约瑟·大卫杜维斯借助显微镜和化学分析的方法，认为胡夫金字塔的巨石是石灰、贝壳经人工浇筑混凝而成，这也为研究胡夫金字塔的建成提供了一种新思路。2007 年 3 月 30 日，法国建筑师让 – 皮埃尔·乌丹在巴黎举办了新闻发布会，说他已经揭开了金字塔的建造秘密，并用现代的数字三维技术以动画的方式直观地展现了他发现的金字塔的建造秘密，并称这是他 8 年潜心研究的成果。他认为金字塔是由内向外建成的，具体来讲就是，古埃及人用砖在大金字塔地基深处砌斜坡，构筑成一条内部螺旋隧道，再慢慢建成金字塔。但不管怎么样，越来越多的考古证据表明，金字塔是古代埃及人民智慧的结晶，是古埃及人民的劳动成果，只是由于其建造的科学与技术的失传，使我们现在还不能完全了解、掌握金字塔原来的建筑方法。胡夫金字塔在建造完成后的 3800 多年里一直是世界最高的人类建筑，直到公元 1300 年被英国的林肯座堂超过。从数字上可以看出胡夫金字塔设计与建造的精确，也可看出当时人们高超的数学水平，如长达 230 米的四边，其误差均值只有 58 毫米，其地基离水平基准只差了 ± 15 毫米，其整体设计高度约为 280 肘（古代埃及的长度单位），合 146.5 米；底边周长为 1760 肘，周长与高的比值 1760/280 与 2π 的误差小于 0.05%，这一结果是惊人的，一些古埃及学的学者认为"古埃及人并没有准确定义圆周率值，但是实际上他们在生活中已经用到了它"。但也有些学者认为这是基于金字塔建造角度的基准而造就的，并不是刻意用这样的周长与高的比例来设计的。但不论怎样，能设计建造这样宏伟精致的建筑，说明古埃及人具有当时极为先进的几何学知识和相应的精确测量技术和强大的社会组织和协调能力。

关于胡夫金字塔还有很多神秘的传说，如神秘的金字塔能、法老王的诅咒，等等。只要金字塔在，我们就有机会对它开展进一步的研究，随着科学技术的进步，我们能越来越深入地研究它。如果我们能解开它的所有秘密，相信对今天的人们也会有益。金字塔本身所包含的古代埃及的科学技术现在有很多已经失传，但古埃及人生活在那样的时代和环境下，能够创造出如此伟大智慧的产物，必定有它产生的特殊历史条件和原因；能够有支撑它产生的具体科学与技术，如果其中有我们现在还没有了或解掌握的，那无疑对今天的社会有巨大的借鉴甚至促进作用。

如果智慧的产生是由当时的技术决定的，则这种智慧的产物就不会是孤立的事件，只要当时社会有这种需求，就会有不断的类似事件产生，如前面讲的埃及金字塔，并不是仅有胡夫金字塔这一座，而是有一个金字塔群，人们甚至可以按年代划分找出金字塔建筑技术不断演化的证据。当社会的这种需求或者技术传承及支撑技术实施的物质条件消逝时，基于技术的智慧就不再出现，而我们现在所见的遗存、文物古迹大多属于这类。特别是在这些古迹、文物上留有的图形和文字更为珍贵，它们往往是当时社会知识的体现，如自 1899 年王懿荣、刘鄂发现殷墟的带有文字的甲骨残片以来，所发现的这样的残片总数已达 15 万片之多，文字总量超过百万字，可识读的已超过千字。这就是有名的甲古文。甲骨残片上的甲骨文所记的内容涉及政治、经济、哲学、历史、军事、天文历法、地理气候、礼仪民俗、文法、古医学等内容，并且开启了自上而下的中国书法的章法程式。甲骨文已经是比较成熟的汉字，在汉字构成方面体现出象形、会意、指事、形声、假借、转注的"六书"方法，很多现代汉字的最初原形都可追溯到甲骨文。当书写文具发展后，汉字也在适应社会的发展以及新的书写方式的过程中变化发展，甲骨文也就慢慢淡出了人们的生活。但甲骨文作为古代中国人智慧的结晶仍是值得我们今人珍惜和研究的。

智慧的产生除了借助于人们当时的科学技术外，还与当时的自然与社会中发生的特定事件或看似偶然的现象相关，人类历史上的很多历史事件，给人以无穷的智慧启迪，但我们研究这些伟大的历史事件，并不是要去重复历史，而是要去研究事件的历史背景、产生的社会原因、引发事件的事端、事件的过程及其当事者在其中成功和失败的原因，以及它们对后世的影响等。这类的智慧只会发生在当时特定的历史条件下。善于具体问题具体分析、充分借用当时的自然与社会的客观条件、利用当时的科学与技术，是很多历史事件，特别是军事战争取胜的重要原因。《孙子兵法》开篇为《计》，说："兵者，国之大事，死生之地，存亡之道，不可不察也"，接着又说："故经之以五事，校之以计而索其情：一曰道，二曰天，三曰地，四曰将，五曰法。道者，令民与上同意也，故可以与之死，可以与之生，而不畏危。天者，阴阳、寒暑、时期也。地者，远近、险易、广狭、死生也。将者，智、信、仁、勇、严也。法者，曲制、官通、主用也。"《计》篇最后又说："夫未战而庙算胜者，得算多也，未战而庙算不胜者，得算少也，多算胜，少算不胜，而况于无算乎！吾以此观之，胜负见矣。"意思是：战争是国家的大事，它关系到将士的生死、国家的存亡，不可以不认真考察、研究。所以要按以下五个方面进行研究，弄清其具体情况。一是道，二是天，三是地，四是将，五是法。道是使民众与国君的意愿一致，这样民众在战争中为国出生入死而不惧危险，也就是我们所说的正义性。天是指日月星辰运行的情况、寒冷炎热、时节气候的变化，也就是需要知道天象、气象在一定时期内的变化规律。地指地理上道路的远近、地势是平坦还是险峻、作战区域是宽广还是狭窄、是否便于进攻或防守，也就是作战区域地理特征的影响。将是指将帅的智勇才能、赏罚有信、爱惜士兵、勇敢果断、军纪严明。法是指军队的组织编制、将吏的统辖管理和职责划分、军事物资的供应和管理等制度、规定。《计》篇最后部分的意思是：在开战之前，要详细筹算，能胜过敌人的，得胜的概率就大，不能胜过敌人的，得胜的概率就小，何况没有经过详细筹算的，那就可想而知了。孙子通过对交战双方的情形和庙算的了解，就可知道双方的胜负了。其中的"庙算"是我国古代早期的军事战略概念，原意为，国家凡遇战事，要告于祖庙，议于庙堂。原始社会初期还要借助占卜、祈求的仪式，假托神意。但随着战争实践的发展，庙算在春秋战国时已成为十分正式的在国之重殿召开的战前研讨、制定行军胜敌战略的军事会议。曹操在《注〈孙子〉》中说："选将、量敌、度地、料卒、远近、险易，计于庙堂也"。张预在注《孙子》时也提出："古者兴师，命将必致斋于庙，授以成算，然后遣之。"秦汉以后庙算又渐由兵略代替，后更有"运筹帷幄之中，决胜千里之外"这一更具体形象的说法。此说法源于《史记·高祖本纪》："夫运筹帷幄之中，决胜千里之外，吾不如子房。"从这里我们可以看到，所谓"道"即要正确认识当时的社会，符合民意，后面的天时地利也指出首先要正确认识气象、气候的变化，认识地理地貌这些自然的因素。对它们的正确认识都符合科学的概念。而对它们的正确应用——使之符合当时的目的也符合技术的概念。庙算的实质就是技术实现方案的拟定和决策，其应用应基于当时的科学与技术，远的不说，单单一张能精确反映实际地形地貌特征的地图和一份能了解未来几个时辰或几天的天气预报就是当时科学与技术的结晶。

充分根据当时客观条件的变化作出正确的抉择，往往在历史事件中起着关键作用。人们常说汉朝漠北之战击败了匈奴，使北匈奴向西迁移，改变了欧洲发展的进程，直接导致罗马帝国灭亡，南匈奴则并入中华，实现了民族大融合。这除了军事的原因，还因为汉朝充分利用了当时气候对匈奴的不利因素。我国著名科学家竺可桢在《中国近五千年来气候变迁的初步研究》（人民日报，1973.06.19）一文中讲道，在中国五千年来的历史上，出现了4个寒冷时期和4个温暖时期，而第2个寒冷时期从公元1世纪到公元600年，被称为"东汉——南北朝寒冷期"。在漠北之战的前些年，北方连年低温雪灾，人畜大量冻死饿死，草场退化，极大地打击了以游牧经济为主的匈奴国力。气候的因素加之汉朝的养精蓄锐使匈奴对中原几百年的军事优势发生逆转，此时汉朝发起军事反击，取得了军事上的重大胜利，也迫使匈奴分化，要么融入中华，要么远走西方。

人类历史上的大事件中所包含的智慧单靠遗存是远远不足以将其留

传下去的，更多的是要靠人类知识的传承，而人类所有智慧的产生或许有比它本身更高、更远或超出当时人们想象空间的目标，但是一切高于当时的科学与技术的想法都不可能实现，而智慧表现出的正确认识是当时的科学，智慧中人能掌握的能力是当时的技术。而看似偶然的机会或奇迹却可以成为后人开展科学探索和技术创新的契机。

1895 年 11 月 8 日德国物理学家威廉·伦琴在进行阴极射线实验时，观察到放在射线管附近的涂有氰亚铂酸钡的屏上发出了微光，他经过研究确信，这是一种尚未为人所知且具有很强穿透力的新射线，给它取名"X 射线"，并获得 1901 年首次诺贝尔物理学奖。1895 年底，威廉·伦琴将他的成果以书信和照片的形式寄给几位著名的科学家，其中一位就是法国的朱尔·昂利·彭加勒。彭加勒被公认为 19 世纪末 20 世纪初的领袖数学家，是继高斯后对数学及其应用具有全面掌握的最后一人，他在数学、数学物理和天体力学方面做出了很多创造性的贡献，他提出的彭加勒猜想是数学中最著名的问题之一，他第一个发现混沌确定系统，比爱因斯坦更早一步起草了狭义相对论的简略版。1896 年 1 月 20 日，彭加勒在法国科学院会议上展示了他收到的伦琴材料，并假设被日光照射而发磷光的物质也可发射出一种不可见、有穿透力、类似 X 射线的辐射，如同当年迈克尔·法拉第听说汉斯·克里斯蒂安·奥斯特说能将电变为磁，便决心要将磁变为电，成为电磁学的开门宗师一样。安东尼·亨利·贝克勒尔听到彭加勒的报告后，很感兴趣，并动手实验。1896 年 2 月 24 日，贝克勒尔向法国科学院提交了《论磷光辐射》这一报告。他发现硫酸钾铀酰在阳光下曝晒几小时后能发出射线，能透过黑纸让照相底片感光，他也认为这是太阳光激发的结果。2 月 26 日和 27 日，他本想再做几次实验，但始终是阴天，他只得将准备好的黑纸包着的底片和铀盐放在暗室抽屉内并没再管它们。到了 3 月 1 日，第二天他就要向科学院提交相关证据，他直接拿出底片冲洗，令他大吃一惊的是底片被压在铀盐下面的部分感光较之于太阳晒后的情况要严重很多，随后他又做了一系列实验发现还是如此，就这样，贝克勒尔发现了天然放射性。由于当时并不知道放射性的危害，他长期从事放射性研究工作，严重损伤了身体，56 岁就逝世了，成为第一个放射线损害的牺牲者。他和居里夫人一起获得 1903 年诺贝尔物理学奖。1975 年第十五届国际计量大会决议为纪念法国物理学家安东尼·亨利·贝克勒尔，将放射性活度的国际单位命名为"贝克勒尔"，简称"贝克"，符号"Bq"。放射性元素每秒有一个原子发生衰变时，其活度为1贝克。

4.4 人类的文明与科学探索和技术创新

人类的文明是指一定时期内人类社会物质和精神财富的总和，无论是物质财富，还是精神财富，都是人类社会至今所有人劳动的产物，因此从这个意义上来说，人类的文明也是人类劳动的体现，是劳动创造了财富，也是劳动创造了文明。但如我们所见的周围一切一样，不论是物质的文明，还是精神的文明，都体现在具体可见的事物、事件、媒体乃至每个人的举手投足间。同样的一件事、一本书、一段影片，不同的人可能有不同的解读，有不同的感受，从而会影响我们的判断和采取的行为，不同的行为将导致不同的结果，但如何才能确定其行为是合理和正确的呢？同样来讲，人类的文明也应是不断发展的，使每个成员的精神和物质生活能够更美好，但这是大多数人的良好愿望，那么我们又如何能保证和判别我们确定的目标和选择的行动符合这一愿望的要求以使梦想成真呢？

从能量的角度看，人类的劳动可被概述为基于生物特性的物理与化学作用的能量转化，人们呼吸空气、摄取食物、饮水，并将其转化为维持人们生命活动和劳动的能量，并排出糟粕，保持身心的健康。就生命体征活动来讲，人的个体间，甚至人与其他很多生物之间并无本质的不同，但劳动的成果却千差万别，有的可以创造出五彩斑斓的文明世界，而有的却一事无成、白费力气，其中又有什么原因呢？

这些问题的答案，可能既简单又复杂、既质朴又高深、既浅显又深奥。如果说简单、质朴和浅显，答案很明确，根据现实确定我们的目标、行为符合人类文明的发展方向，使我们的劳动最高效的依据是当时人类的科学与技术；对于未来，保证人类文明持续昌盛发展的主因是科学探索和技术创新。如果说复杂、高深和深奥，是因为任何一门的科学和技术，我们要熟练掌握它，以使其达到技术的边界或科学的边界，都需要耗费个人一生的精力，而只有在技术的边界和科学的边界上我们才有机会真正开展创新和探索，而创新和探索本已超越我们现在已具备的能力，能取得一两项成就已属不易，也有可能穷尽一生之力而无所得。反过来，我们若试图超越科学技术，以梦想构筑未来，很可能起反作用，于个人如此，于社会亦如此。一旦个人特别是社会不坚持于科学探索、不致力于提高技术能力时，它们在还充满竞争的时代必然会在竞争中落于下方，或者在面对即将来临的危机时手足无措，只能随波逐流，对于个人来讲，可能将面临个人的失败，但严重时亦会有性命之忧，而对于社会来讲，轻则陷入动荡不安，重则文明的毁灭将导致整个社会的溃败甚至消逝。

越是久远，人类社会的科学、技术水平越低，各个大陆之间由于天然被屏障自然分割为发展程度不同的古代文明社会，但并不是所有文明的社会都能延续至今，有些甚至一度创造过灿烂古代文明的社会，除了留下了很多我们现在兴许还不能完全了解的伟大古迹和文物外，主体已经消逝在漫漫的历史长河中，或者有些文明在发展过程中忽视了科学探索与技术创新，也忽视了对别的文明的科学与技术的学习，在繁荣的表面下，却隐藏着其代表性文明持续发展和保存能力的衰微，结果在其他文明的冲击下崩溃瓦解。历史上有很多事件看似属于先进的文明被所谓的"野蛮"文明击溃，但仔细探究起来，在浮华的表面下，所谓的"先进"文明却没有能够掌握先进的军事科学与技术，反而掌握它的是所谓的"野蛮"文明。时至今日，军事的科学与技术仍然是人类文明的最高体现之一。所以，这些所谓的"先进"却在代表社会最高技术能力的方面有实质性的落后，这将形成在进攻与保卫之间几何数量级的差别，其结局也就可想而知。

巴比伦空中花园又称"悬园"。相传公元前 6 世纪巴比伦国王尼布甲尼撒二世，娶了米底王国（又称"玛代王国""米底亚王国"，是一个古伊朗王国，面积最大时，西起小亚细亚以东，东至波斯湾北部）的公主安美依迪丝，并立她为王后。安美依迪丝公主美艳动人，深得尼布甲尼撒二世的宠爱。但时间一长，安美依迪丝公主渐生愁容，国王便问其故，公主说："我的家乡山峦叠翠，花草丛生。而这里是一望无际的巴比伦平原，连座小山丘都不见，我多想看见家乡的山岭和盘山道啊！"原来安美依迪丝公主思乡心切，于是尼布甲尼撒二世国王下令工匠按安美依迪丝公主家乡的山区风光，在宫殿里建造了层层叠叠的阶梯花园，园中种满了奇花异草，在花园中开辟了些幽静小径，并引流形成潺潺流水。花园中央修建了一座城楼，高矗空中。如此美景，终于博得了公主的欢心。但也有英国考古学家，牛津大学东方研究所斯蒂芬妮·达蕾博士依据考古发现认为巴比伦空中花园实际上位于巴比伦以北 400 多千米今天伊拉克北部的尼尼微，建造者不是尼布甲尼撒二世，它是亚述王西拿基立的皇家园林，但她对自己的发现也没有完全下结论，她认为还要有更多研究。遗憾的是，目前发现的所有巴比伦楔形文字的泥版书中，没有找到巴比伦空中花园的确切记录，而描述巴比伦空中花园的作者多半并未到过巴比伦，更多依照到过巴比伦的行人商旅关于"东方有座美丽花园，波斯称为'天堂'"的传说，但不论怎么说，古巴比伦所在的美索不达米亚文明——又称为"两河文明"——是人类最早的文明之一，是亚洲三大文明发祥地之一（另外两个发祥地是中国的黄河、长江中下游地区和印度河流域）。

美索不达米亚文明主要包括苏美尔、阿卡德、巴比伦、亚述等文明。美索不达米亚文明的最早创造者是生活在公元前 4000 年的苏美尔人，他们会制作陶器，发明了文字，并于公元前 3000 年建立了城邦，但于公元前 24 世纪为阿卡德人所灭。阿卡德人于公元前 2154 年被灭，被古提王国替代。此后苏美尔人重新复兴建立了乌尔第三王朝。乌尔第三王朝大约在公元前 2006 年被亚兰人和阿摩利人所灭，阿摩利人在公元前 1894 年建立巴比伦城邦。巴比伦开始比较弱小，至第六代国王汉谟拉比时逐渐强大，击败了邻国，统一了两河流域，即美索不达米亚，建立了古巴比伦王国，并颁布了《汉谟拉比法典》，它是迄今世界上最早一部完整保存下来的成文法典。《汉谟拉比法典》原文刻在一段高 2.25 米、上部周长 1.65 米、底部周长 1.9 米的黑色玄武岩石柱上。石柱上端是汉谟拉比王站在太阳和正义之神沙马什的前面接受王权的权标浮雕，象征君权神授，下面是用阿卡德楔形文字刻写的法典全文，共 3500 行，有 282 条法律，对刑事、民事、贸易、婚姻、继承、审判等都做了详细的法律规定。《汉谟拉比法典》石柱现收藏于巴黎卢浮宫博物馆亚洲展览馆。但随着汉谟拉比的离世，他所建的古巴比伦王国也于公元前 1595 年被赫梯帝国所灭。后世学者普遍将汉谟拉比誉为一位卓

越的立法者：在美国国会大厦众议院会客厅的大理石雕上的 23 位著名
的立法者中，就有汉谟拉比；在美国最高法院大厦南墙横饰带上刻有
《汉谟拉比法典》石柱上端的浮雕画。《汉谟拉比法典》是维护奴隶制
统治的法典，它将人分为三等，即有公民权的自由民、无公民权的自由
民和奴隶。《汉谟拉比法典》强调以眼还眼、以牙抵牙的同态复仇原则
和神明裁判习惯，是后续两河文明依然采用的法律，对后来西方法律体
系也产生了一定影响。

据文献记载，在两河流域，是赫梯人最早发明了炼铁技术。赫梯帝
国是西亚地区乃至全球最早使用铁器的国家，也是最早进入铁器时代的
国家。赫梯王把铁器视为专利，以至铁贵如金，价格为黄铜的 60 倍。
赫梯的铁兵器使周围国家为之胆寒。在战场上，赫梯人驱赶着身披铁甲
的马拉的战车，使用铁制的短斧、利剑和弓箭这些当时先进的武器冲锋
陷阵，所向披靡，于公元前 1595 年左右攻取并毁灭了巴比伦城。此后
赫梯与古埃及开始了长期战争，双方实力都受到了严重削弱，到公元前
13 世纪末，"海上民族"从博斯普鲁斯海峡入侵赫梯，小亚细亚和叙利
亚各臣属国纷纷起义反抗，赫梯国家迅速崩溃，至公元前 8 世纪完全为
亚述所灭。在这一过程中，赫梯铁匠散落各地，将冶铁技术扩散开去。

随后统治两河流域的是亚述帝国。亚述帝国具有当时最先进的军事
装备，是靠军事征服建立起来的庞大帝国，但是却不能满足帝国社会经
济发展的基本要求，没有为之提供相应的实现技术能力的基础，反而对
已有的社会技术能力大肆破坏，同时为了满足帝国军事征服的野蛮目
标，极力压榨和剥削被征服地区的人民，激起了各征服地区人民的激烈
反抗。埃及首先恢复独立，小亚细亚兴起吕底亚王国，伊朗高原上出现
了米底人新国家，而巴比伦的迦勒底人在连续 4 次的反抗中也逐渐恢复
了实力，并乘亚述国王阿述尔巴尼拔死后的乱局，联合米底人进攻亚述
帝国，建立了巴比伦第六王朝，恢复独立，并于公元前 614 年联合米底
人攻克亚述的古都亚达，于公元前 612 年攻占了亚述新都尼尼微，亚述
帝国就此灭亡，并纳入了新巴比伦王国的版图。当迦米联军冲进尼尼微
时，包括儿童在内全城的居民惨遭屠杀，亚述的最后一代国王辛沙立希
孔和他的宫殿一起被烧成了灰烬。幸好亚述记录文字和图形符号的工具
有很多是泥板，1849 年人们在距亚述另一古城卡拉遗址以北 70 千米的

地方找到了尼尼微的西拿基立王（公元前 704—前 681 年在位）的大宫殿遗址，找到了两间藏有楔形文字泥板的藏书室，此后又在亚述巴尼拔王宫遗址处发现了堆满文字泥板的藏书室。这些泥板上还残存有大火烧过的痕迹，但却为后人保留下了亚述帝国时期的众多知识，与出土的文物进行参照，我们才能了解当时的社会状态，及其文学艺术、科学和技术，了解亚述帝国兴衰的原因。任何时期的野蛮屠杀和破坏，特别是对知识的毁灭，都是对人类文明的摧残。

新巴比伦国王尼布甲尼撒二世把巴比伦城建成堡垒般坚固的都城，城市为正方形，每边长 22.2 千米，绕城的城墙高达 8.5 米，用砖砌掺和油漆与浆浇灌而成，驷马战车可以在宽阔的城墙上奔驰。全城有铜做的城门 100 座，城墙周围还有很深的护城河。相传作为世界七大奇迹之一的巴比伦空中花园就坐落于城中皇宫内。尼布甲尼撒二世在位期间（公元前 605 年—公元前 562 年），新巴比伦王国国力最强，他领兵攻打叙利亚，出兵巴勒斯坦，夺占耶路撒冷，灭掉犹大国，将犹大国的大批民众、工匠、祭司和王室贵族成员，强行锁至巴比伦为奴，这个事件就是历史上有名的"巴比伦之囚"。尼布甲尼撒二世晚年还出兵入侵埃及。这期间，巴比伦的奴隶制经济有了发展，但随着城市人口的增加、城市分化的严重，除了不断有被征服的民众作为奴隶到来，原本的贫民和农民也因破产成为奴隶，奴隶与奴隶主的矛盾越来越尖锐，同时奴隶主们争权夺利的内部倾轧也日趋严重。尼布甲尼撒二世去世后，国内局势陷于动荡，6 年中有 8 位国王被废，其中两名被杀。而新巴比伦王国东面的波斯帝国越来越强盛，征服了巴比伦的盟邦米提亚，大军逼近巴比伦城下。这时巴比伦的国王为一位阿拉美亚部落领袖的儿子那波尼德。那波尼德统治时期，巴比伦还曾有一段相对稳定的时期，国内经济也比较活跃，他曾离开巴比伦到阿拉伯住了 10 年，希望为巴比伦寻找到一条新的商道。但有三件事情引起了巴比伦上层对那波尼德的不满。一是那波尼德信奉的是阿拉美亚人的月神（辛神），而非巴比伦的主神马都克，引起巴比伦祭司的不满；二是他长期离政，而将由他的儿子贝尔·沙尔·乌初尔——也就是《圣经》中的瓦尔塔沙尔——主政，为贵族官绅阶层所不满；三是当米提亚被灭之后，巴比伦处于波斯半包围中，巴比伦的贸易受阻，巴比伦处于孤立状态，引起巴比伦工商业奴隶主对那波尼德的不满。而原本巴比伦中奴隶与奴隶主、犹大族与巴比伦统治阶层的矛盾就十分尖锐。公元前 539 年波斯王居鲁士率大军入侵巴比伦时，巴比伦的城防在当时仍然举世无双，有足够的防御能力。

关于巴比伦灭亡的原因有两种说法。一种说法是巴比伦的奴隶主们认为谁也无法攻破巴比伦的城防，仍然纵情享受。一天晚上，主政的王子贝尔·沙尔·乌初尔正举行狂欢宴，波期王居鲁士这时已经在幼发拉底河中悄悄修筑了一座水坝，当夜他命令士兵启用水坝，将幼发拉底河的水调到另一边，他的军队就沿干涸的河床进入巴比伦城，未经交战就占领了该城。另一种说法是巴比伦的祭司或者是巴比伦的商人偷偷打开了城门，引居鲁士大军入城。无论哪种说法都说明波斯大军是兵不血刃地占领了巴比伦，其后主政的王子贝尔·沙尔·乌初尔被杀，那波尼德在归国的途中被俘。至此，存世不到 100 年的新巴比伦王国灭亡了。新巴比伦王国是美索不达米亚地区历史上奴隶制经济最繁荣的国家，它的灭亡标志着美索不达米亚地区历史独立发展的终结。至公元 1 世纪，记录美索不达米亚文明的主体文字——楔形文字也消逝了，美索不达米亚文明也就消逝在漫漫的历史长河中了。

美国当代的著名历史学家 L·S. 斯塔夫里阿诺斯在《全球通史——1500 年以前的世界》里写道："最早的美索不达米亚文明的伟大创建者——苏美尔人，似乎既不是印欧人的一支，也不是闪米特人的一支，这一点很奇怪，他们的语言与汉语相似，说明他们的原籍可能是东方某地。"因此西方学者认为开创美索不达米亚文明的苏美尔人很可能是典型的中华萨姆人，美索不达米亚文明和中华文明可能存在某种渊源上的联系。直到 1802 年德国的一位 27 岁年轻中学教师格罗特芬德在饮酒时与朋友打赌，说预感到自己能破解文字，随后做了大量研究，找到了波斯语楔形文字的破译方法，为 33 年后英国人罗林森和其他学者破译古老的美索不达米亚和西亚其他的楔形文字提供了打开宝箱的钥匙。到 1900 年，源于苏美尔文字的各种楔形文字的破译工作基本宣告成功，美索不达米亚文明通过人们解读其留下的古老泥板文献和其他铭文，终于又现人间。这充分体现出知识的传承对文明延续的重要性，当然我们也可由此并结合考古了解美索不达米亚的科学和技术，以及它们对自身和其他文明的影响和作用。

　　文明的发展总是伴随着科学与技术的发展，美索不达米亚文明除了最先进入铁器时代外，还针对两河流域的特殊环境，发展了有特色的建筑技术和农业灌溉技术，建设了宏伟的建筑，如传说中的空中花园、坚固的巴比伦城等，也建立了巨大的农业灌溉系统。但是文明的发展过程会对环境产生巨大的影响。最初两河流域的生态良好，有利于农业的发展，为美索不达米亚的文明提供了良好的环境条件，但随着其发展，森林遭到了破坏，加之地中海特殊的气候，使原有的河道和灌溉系统淤塞了，迫使人们开挖新的沟渠，农业灌溉越来越艰难，而且土地的荒漠化和沙化却越来越严重；同时古巴比伦人的灌溉存在一个严重的技术缺陷，即没有良好的排水系统，致使土地盐碱化和沟渠的淤塞日益严重。生态环境日益恶化，以至现在伊拉克境内的古巴比伦遗址满目荒凉。文明的可持续发展的一个重要条件是要及时认识到文明的发展及客观环境的变化所带来的问题和困难，通过科学去正确认识问题和困难的根源所在，通过技术去解决问题、克服困难。如果我们说巴比伦空中花园修建的目的仅仅是为解美人的乡愁，还难寻实物可证，而唯一现存的七大奇迹之一古埃及金字塔，据考证是古埃及法老的陵墓，是法老追求死后世界的产物。如同前面所讲，仅一个胡夫金字塔需要 10 万名以上的各种技术分工人员持续劳动 20 年的时间。这种劳动对现实并无实际的意义，反而需要现实社会为其提供保障，需要大量社会财富的支持，这势必造成社会的极大负担，给文明的可持续发展造成消极的影响，严重的话还会造成文明的衰退。古埃及自胡夫金字塔后，金字塔越建越小，到了最后人们只能在岩壁上凿洞安葬，规模与随葬品也远不如前，显见出社会实际处于衰退中，到最后古埃及文明的消失就是可理解的了。站在消失文明的宏伟古迹前，我们一方面惊叹古代文明的灿烂，另一方面当我们得知其建造的原因并不是基于文明现实的需求，而仅仅是基于当时人们或者统治者的一种基于本文明知识的愿望和理想时，不免发出一声长叹。不论当时的人们如何努力，其实际达到的效果也仅仅是当时的技术能达到的地步，而能正确反映和表述的仅仅是当时科学的范围。再者，文明的理想、文明的想象，或许只可以激励后人继续探索，或许成为当时人们的一种精神象征，而凝结社会的力量，对于现实困难的解决往往非但不会发生实质性的作用，反而可能因在修筑的过程中过于消耗了社会的人力、物力和财力，甚至造成自然和社会环境的破坏，使文明的发展出现危机。

科学探索和技术创新始终是推动文明可持续发展的重要力量，任何文明在发展的道路上必然会遇到各种困难，甚至是灾难。在灾难面前最简单的是祈祷，希望想象中的神秘力量帮助克服灾难，但这在现实面前都显得苍白无力。面对灾难最好的办法还是客观冷静地进行分析，找出缘由，正确判断形势，这正是科学研究和探索应做的事，在此基础上，才能尽可能利用现有的科学和技术，通过技术的实施和技术创新尽可能降低灾难造成的损失，为灾难后的恢复和发展提供切实可行的方法和途径，在这个过程中可得到新科学与新技术，也为以后可能遇到的同类型灾难的救助行动提供依据，甚至可为我们预报、预防灾难提供科学技术和实际的技术能力。

是劳动创造了社会的财富、创造了丰富多彩的人类文明。如同不同能量范畴中的物质状态变化，不论是机械能、化学能还是电能等，都可用能量表示一样，人类劳动的价值也可用货币来统一表示，这样个人可以通过个人专业性的有效劳动去交换其他支持自身及其家庭正常生活的需要。个人的劳动只有被社会所承认、所接受，社会才能付予与其劳动价值相等的货币以用于其生活必需的商品交换。黄金、白银与货币类似，也是度量人类劳动的介质，不同的是，黄金、白银在找矿、选矿、冶炼、成形等阶段中本身就包含人类的劳动，而且便于长期保存，因此以黄金、白银度量人的有效劳动的方法简单、直接。但人类所能获得的黄金、白银毕竟有限，且随着人类技术的进步，其单位质量所对应的人类劳动也是变化的。在人类文明的初期，黄金、白银获取实属不易，且社会的技术能力水平很低，社会主要是以一定群体自给自足的方式存在，群体之间或许不需要互通有无，群体内部通过以货易货的方式便可。但随着社会技术的进步，专业化分工出现，需要认定介质所代表的劳动价值以实现分工过程中劳动产品的公平交易，在黄金、白银还没有能承担起交易介质的角色时出现了贝壳等原始的货币形式，但用它们来衡量劳动存在种种弊端，很快就让位于黄金、白银，与此同时，凡是能度量人类劳动且便于长期保存的，如宝石、珍宝等，都可成为用于交换的度量中介。

　　而在现实中，同样可为社会所接受的劳动、同样的劳动强度和劳动时间表现出来的价值却相差很大，引起这个差别的很重要原因是个人的技术能力的等级。放大来看，对于一个群体来讲，有效劳动的价值也与群体平均的技术能力密切相关，对于国家来讲亦如是。这样问题就来了，黄金、白银的总量有限，其相应包含的劳动随着技术的进步会越来越少，所以从总趋势上讲，当人类社会发展到一定阶段，科学与技术达到一定程度时，以社会技术能力为标志的生产能力达到相当高度时，就需要更为方便可行的物品作为介质，这就是货币。元朝就是以行钞为主，相传元世祖忽必烈建都上都城后，曾想效仿宋朝以铜钱为主要流通货币，而铜钱的实际作用与黄金、白银类似，但有大臣反对，建议沿袭金代钞法，进一步完善后发行纸币。古代中国在世界上最早发行纸币，其渊源可上溯到唐朝的"飞钱"和宋代民间流通的交子。纸币本身包含的劳动价值很低，与其所表征的价值相比，几乎可以不计。纸币通常需以一定规模社会群体的有效劳动成果所表征的社会群体的信用为基础，才可确保纸币表征价值的准确有效。遗憾的是，古代中国几个发行纸币的朝代，朝廷失去节度，滥发纸币，造成纸币严重贬值，形同废纸，民间以至最后连官府也不得不恢复以金、银、铜金属作为中间度量的介质，纸币的使用始终很有限。对于现代社会来讲，纸币是国家信用或一个地区信用的直接体现，其发行的价值应与所在国或地区代表社会群体同期有效劳动的价值的总和一致。在人数、劳动时间和劳动强度相同的情况下，其产出的价值与劳动者使用的工具及其劳动技术等级密切相关。技术的领先是确保高效生产和更强社会技术能力的先决条件，而技术领先的条件又是不断的技术创新，技术创新的根本来自新的科学，新的科学来自于科学探索。社会的财富除了保证社会成员正常生活和社会的稳定、安全外，很大的程度要用来鼓励和支持开展科学探索和技术创新工作，以此最大可能地降低前进道路上的灾害的破坏，解决社会发展面临的困难，实现社会的可持续发展，以此保障文明的发展和延续。只要知识保存和传授的条件存在，包含人类劳动的科学技术就会保存下去，并且会发出光彩。

　　对于现代社会来讲，科学探索和技术创新都不是一个单靠个体来完成的工作，科学与技术水平越高，在此基础上的探索和创新越复杂，需要社会大量的财富支撑。对于个人来讲，如果失去了科学和技术的制约，每个人的想象和诉求都可膨胀至无穷大。同样对于一个社会，甚至一个文明来讲，当确定的目标超出了其科学与技术的范围，同时也缺乏科学探索与技术创新作为支撑，目标和诉求也会穿越在文明的想象空间中，社会财富的支配者或统治者可能会按此组织社会的力量调动自然资源，集中社会财富去实施，也可能创造一些奇迹，但却永远无法实现初衷，常常反而会造成自然和社会的破坏，成为对文明进程的反作用力。有时这些奇迹的建设过程或后效作用会使当时的社会有些意外的收获，但往往这些与其不利影响相比差距很大。

任何社会目标的确定与实施的决策，最终还是通过具体的人或集团来实现。社会的劳动成果——财富除了正常的分配外，必然会根据社会发展的可能性和个体或团体在社会中的地位与分工进行集中，其本质的社会愿望是使社会通过对财富的有效利用和对社会、自然资源的高效调动，可以尽量解决遇到的难题，尽可能探知可能遇到的危险，防范可能遇到的灾难的危害，尽可能保障社会的整体稳定和安全，同时，还必须解决现实能力的构成与探索创新的关系。由于探索本就面对未知，创新就是要从无生有，形成更新、更强的社会能力，很容易与想象和诉求混淆。要把握好它们之间的差别，最好的办法就是确定当时社会及相邻已知社会文明的技术的边界和科学的边界，现实的能力构成总在技术的范围内，技术创新必须立足于技术的边界在科学的范围内开展，而科学探索也必须基于现有技术，站在科学的边界上，面向未知而开展。凡是脱离了科学与技术的基础，超越了科学的边界，不论这种愿望和诉求看起来如何美好、如何动人，都不可能实现。无论是个人也罢，社会也好，如果按照这样的愿望和诉求行事，特别是已经掌握了社会财富的分配和自然及社会资源的调动权限的，处于社会高层甚至顶端的个人与团体，极有可能造成极大的社会财富的浪费，造成社会的自然资源和环境的破坏。这样必然会激起社会对这种财富与资源调配结构和权力合理性的质疑，轻则会极大挫伤社会创造财富、开展真正探索与创新的积极性，迟缓社会发展的速度，可能会使社会无法应对未来的危机和相邻其他文明的竞争，使社会处于危地，重则会激化社会内部的矛盾，引起社会的大动荡、大变革，而如果在这个过程中不注重对以科学技术为核心的社会知识体系的保护与传承，造成科学与技术的消亡，则可能造成社会整体的大衰退，甚至导致本社会文明的消失。

任何形式的财富集中，都与当时社会文明的具体情况和发展的诉求相关，都是对人类劳动的凝结，无论愿意与否都对应于相应的责任与义务。而任何形式的浪费人类的劳动，只局限于个人乃至小团体的，并非基于科学技术，也不利用科学探索和技术创新的想象诉求和举动，都会对社会文明的发展起消极作用，会激化社会内部的矛盾，削弱社会文明应付未来灾害和与其他文明竞争的能力，也终将不利于个人和社会的存在和稳定。

第 5 章
科学探索与技术创新的动力

　　科学技术无论对个人还是对社会都是如此重要，科学探索和技术创新直接推动着科学和技术的发展，那么又是什么样的动力推动着科学探索和技术创新呢？仅仅是因为它们重要或是别的？它们的动力是一样的，还是不一样的呢？其实这些问题不仅仅困扰着每个人，而且也是社会乃至人类所要面对的问题。寻求全面准确且公认的答案或许比探知科学与技术本身还困难。因此本章还是仅仅按本书前面的思路，力图从知识的角度来看待这些问题。

5.1　科学探索的动力

　　如前所说，科学不论对个人还是社会，乃至全人类都至关重要。而科学是科学探索的产物。那么是什么促使一代又一代有志于科学研究的人不计个人得失，甚至冒着生命危险从事科学探索呢？这个问题长期困扰着人们。人们力图从典型的科学家的事例里寻找答案，当看到几乎所有取得一定成就的科学家都对科学有着浓厚的好奇心时，就很自然地以为科学探索的动力来自于好奇心。是不是如此呢？亦如我们前面所说，科学探索从来都不仅仅是科学家的任务，也是人类所有参与实践的成员都可介入并承担的工作。而且科学探索工作也具有强烈的时代特征。为此，本书将从另外的角度来看待这一问题。

5.1.1　对未来的把握

　　一个人一个社会乃至人类都是站在现世的瞬间，俯看着渐行渐远、慢慢模糊消逝的过去，力图尽可能多地去把握有利于未来发展的各种可能，避免未来可能的灾害。但沿时间轴向前望去，远行的前方总会充满未知和不定的因素，而且不论我们愿意还是不愿意，我们都得随着时间向前走，对未来的把握关系到每个人、每个社会，甚至全人类的发展。那么我们要如何才能去把握未来的一丝机遇、把握未来可能的正确方向呢？答案应该在于科学。

生物进化到了高级的阶段时，在一定程度上不仅仅是完全被动地适应自然环境而存在，而且可以通过应用生物种群在过去长期生活中所积累的一些能力来面对、适应现在的生活。很多的鸟类和哺乳动物新的一代诞生后，还有一个很长的养育期，在养育期内，父辈除了照顾养育弱小的下一代外，还有一个很重的任务，就是将种群适应自然环境所必需的生存能力教给下一代。养育期的结束，意味着下一代不仅从形体上具备了独立生活的能力，也意味着父辈对下一代"教育"的结束，下一代已经具备其种群必需的生存能力。到这时，几乎所有的动物都会将后代从父母的身边赶出去，让后代独立生存。人类可以将很多处于襁褓中的幼小的生命拿到自己的身边抚养，但是人类却很难教会其种群应具备的适应自然环境的生存能力。在人类抚育下长大的这些动物，形体上或许还和它们在自然界中的同类一样，甚至可以看起来更高大威猛一些，但实际上已经不具备在自然界中生存的能力。对于很多珍稀的动物，为了保护它们的种群，人们已经可以利用现代的科学技术，实现人工繁殖，甚至在不久的将来，我们还可以"克隆"它们，但都面临着如何"野化"的问题，即如何使它们具备野外生存能力。这项工作比之于单纯的繁殖、养育工作更难。笔者曾到南非访问考察时就听说了一件事：中国现存于自然界的老虎已经很少很少，特别是华南虎已有很多年在其原有栖息地没有被发现了，这才使得"周老虎"作假案能轰动全国。这个"周老虎"在相关人士的支持下，利用人们渴望能再见野生华南虎的良好愿望，利用后来并不太高明的 PS 照片，说他见着了野生华南虎，一时轰动全国，获得了很大利益。现存华南虎能看见的都在全国的几大动物园内，它们在动物园内已经繁殖了好几代了，人们自然很希望能够放归它们中的一部分，以恢复自然种群。但实践证明直接的放归不可行，它们已经不能适应原本它们种群生活所在的自然环境。南非在大型哺乳动物的野化和放归方面有丰富的经验，有专门的"野化"训练基地，于是我国就运了几头老虎到南非，将它们放在野化训练基地中，试图培养出它们的"野性"，盼其能够"留学归国"，再回山林。到目前为止，据说华南虎在南非已经繁殖了三代，在繁殖的 15 只中存活了 11 只。在 2013 年前还曾不断有野化训练的相关报道，后来就很少见了，这种驯化是否真适合华南虎故乡的自然环境，还不得知。

因此有人认为，由人类哺育的大型动物，已经完全不是原来自然环境中的物种，我们更应保护的是自然界中的种群。从这里我们也可以看出，到了高等动物阶段，除了本身的遗传信息外，种群代代"言传身教"的生存能力也是种群得以发展和延续的重要保障，但这种生存能力还没有达到我们所说的知识的程度，还完全依赖于个体的传承而延续，其内容的再丰富发展也是极其有限的，这就使得自然界中的动物面对自然的突变，除了应用物种已有的本能寻求一线生机外，根本无法采用更多的措施来把握未来。

语言和文字的出现，也许是人区别于动物的最重要的标志。语言可以使人的思维丰富起来，可以更准确地表现人的所见所闻、所感所想，同时也建立起了掌握同种语言的人之间相互交流的平台。有了语言的平台，每个人都可将自己的见闻和感想与别人分享，同时也可分享别人的见闻和感想。而文字则可以将这种见闻和感想记录下来，使之成为独立于个体而存在的表现。以语言方式表述的见闻、感想就是最初的知识。到现在我们仍可见到一些独立生活在深山密林、人迹罕至之地的原始部落，还没有文字，但依然有着严格口口相传的关于本部落历史和发展的故事、知识等传承体系，部落中也会专门分工出具体的成员，承担起传承的专职。这也是一种知识保存与传承的方式，只是由于口口相传，在漫长的传承过程中，不免加入当事者当时的感受，而且人脑的记忆总量和准确度也有一定限度。这些原本表述的知识和故事，也随着时间的流逝在发生变化，慢慢演变成传说。现在人类记叙的很多有关远古的故事传说，最初大都如此。而靠个人的记忆保存知识也有个最大的风险，如果作为专门分工承担部落知识、故事记忆的人员由于某种意外在没有将自己所保存记忆的部落知识、故事传承下去的情况下就去世了，则很容易造成本部落历史和文化的空白，甚至中断。这对部落发展的影响显而易见。人类在初期总是想尽一切办法保存关于部族生存的记忆，使之准确可靠。现在我国很多民族还沿用着结绳记事的方法，古人知识的传承从中可见一斑。应该说直到文字的出现，准确记录和传承的问题才得以根本性地解决，人类的文明也由此进入到一个新的阶段。而在这一切中，科学又是怎样出现和影响人类生活的呢？

我们可以设想一个远古的部落，人们还居住在山洞里，过着群居的生活，这个部落要如何存在并发展下去。这个部落对所在地的四季气候变化及自然环境的状况应该有准确的认识，而这种正确认识应以部落语言的形式表达出来，并在培养部落幼子时，要教会他们懂得并应用部落语言，了解部落的生活习惯和文化，掌握基本的生活技能。这就应被看作是最早的知识，而知识中无论是对四季交替的正确认识，还是对周围环境的正确认识——如周围的植被情况怎么样，那些植物的哪些部位在什么季节可以食用，或可作为其他工具及燃料使用，甚至它们中是否有可被用作疗伤药的种类等；又如周围有哪些动物，每种动物的习性怎么样，可以狩猎哪些动物用来果腹，哪些动物对人来讲是危险的；又如周围的山形地貌如何，哪些地方可以居住，哪些地方容易发生地质灾害，哪些地方容易涝，哪些地方容易旱等——构成了满足部落最早生存需要的原始科学。而当妇女们按季节出去采摘野果，贮存野果，甚至有意识地种植一些可供食用的野果时，男的则出去狩猎，带回猎物。由此根据当时自然环境的具体特点，人们发明了一些与此相关的用于劳动与生活的工具，逐步提高了部落的劳动能力，这些就可被看成基于原始科学的原始技术。部落技术能力的提高和部落的兴旺必然伴随着部落人口的增加，人们对生活的要求也会越来越高，原本完全依靠自然采摘和狩猎来获取食物的劳动形式，肯定难以满足人们的要求，于是便慢慢发展出农业种植和畜牧、养殖、修建房屋住所等劳动形式。这标志着当时人们的科学与技术的水平达到了一个新的高度，已经可以在一定程度上开发和利用自然。当人们的科学与技术发展到一定程度时，单靠语言的记忆和传授已经不够，于是人们从最早的结绳和画图记事开始，慢慢发展出文字，有了文字以后，人们就能更有效且准确地记录知识，也能更有效地保存和传授科学与技术。可以毫不夸张地说，自从人类进入文明以来，除了人类本身和其所在的自然环境的支撑外，科学与技术始终对于维持人类的存在和发展发挥着重要作用。但从另一个方面看，人类越是在早期，科学与技术越是有限，人类在现实中面临的困难和迷惑越多。虽然一方面人们总是尽量想以客观的态度去观察和对待这些困难，但是现实中人们的能力极其有限，而很多的困难和迷惑超出了人们客观评价的能力范围，自然而然就产生了很多的想象或神话，甚至崇拜。而对于一个群体来讲，共同的崇拜往往会形成共同的精神支柱，可以形成群体的共识，可以从心理层面疏导人们对未知的恐惧。现在我们可以透过很多民族的上古神话看出当时人们面对巨大灾难时的愿望和无奈，他们只能寄希望于神灵。而且在这些传说故事中，总是充满着各式各样的预言，仿佛很多伟大故事是按着预言发生的，以此证实出身、血缘等关于当事者的先验性信息。事实的情况究竟怎样，我们先估且不说，它至少反映出了不同时期、不同地点的先民都有着想预知未来世界的强烈愿望。进入阶级社会后，这种预言中又增加了统治者基于血缘或基于神授权力的色彩，以从根本上解释其权力的合理性。

　　就是现在，我们认为科学技术发达的时代，各种所谓的预言仍有出现在我们的生活中，虽然科学与技术的力量已经使我们不至于社会性地陷入其带来的恐慌中，但那些预言却能对一部分掌握科学技术不够的人产生影响。如对于出现在 20 世纪末的所谓的“世纪末日大预言”，就有一些人利用此宣传欺骗不明真相的群众，造成一些邪教门派的集体性疯狂行动的情况。又如，法籍犹太裔预言家诺查丹玛斯，原名米歇尔·德·诺特达姆，于 1555 年出版了一个以四行诗体写成的预言集《百诗集》，即后来被误译的《诸世纪》。该书发行后，在欧洲产生了广泛的影响。诺查丹玛斯本打算写 1000 首诗，编成 10 本预言集，但不知何故，第 7 部分并未完稿。人们在整理他的遗稿时发现，他曾还想写第 11 部和第 12 部，但未及实现，便离开了人世。他的诗用极其晦涩难懂的文体写成，其中有拉丁语、希腊语、法语、意大利语和普罗旺斯语等，写作时间的顺序也被故意打乱，对于诗中的真正含义，若不是专家，是很难读懂的。《诸世纪》发行后更多的是被当成了宣传工具。1649 年马扎兰枢机卿的反对派对马扎兰在法国宫廷中的影响力深表不快，便公开发表了对马扎兰极为不利的四行诗，其中一部分就被插入了被认定为是 1568 年出版的《诸世纪》。1789 年 7 月 14 日法国大革命爆发，巴士底狱被巴黎市民攻占。相传参加这次革命的人，就曾在狱中传阅过《诸世纪》以此坚定革命信心。在 1940 年时，它还被希特勒所利用，德军用军用飞机撒下了大量所谓"取自于"诺查丹玛斯的伪预言诗，试图告诉欧洲人，希特勒的胜利是必然的，以此削弱入侵地区的抵抗。同样，英国也不甘示弱，1943 年利用它进行反德宣传，向比利时、法国抛撒了大量用德文编辑的诺查丹玛斯的预言诗。《诸世纪》很多诗的具体时间都语焉不详，唯有一首这样写道："1999 年 7 月，为使安哥鲁亚王复活，恐怖大王从天而落……"很多人便以此为由相信 1999 年 7 月世界末日将会到来。考虑到《诸世纪》中有很多所谓的"预言"已有实现，这样的"预言"在 20 世纪 90 年代后期产生了广泛的影响，甚至有个别人、团体还试图采取一些荒诞的应对措施。现在我们知道，这不过是一种随意的说法而已，人类已经平安地度过了 1999 年。

但同样的现象又发生在了 2012 年。据玛雅文明的研究者称，根据玛雅人的"长历法"推算，人类的本次文明结束于 2012 年 12 月 21 日，同时有些人还拉上中国的《易经》，号称"根据《易经》推算也是如此"，加之美国大片《2012》的推波助澜，使 2012 年的"世界末日论"众人皆知。只是因为有了 1999 年所谓"末日"恐慌的洗礼，这一次人们要平静得多了。

中国也有很著名的预言文集，如号称是唐朝两位"预言大师"的李淳风和袁天罡记述着对唐朝及以后朝代的重要事件的预测的著作《推背图》，据称是根据刘伯温和朱元璋的对答记录《烧饼歌》，等等。这些中外的预言之所以能广泛流传，实际上反映出了无论是古代还是现在，人类社会对未来的把握总是有限的；能把握未来、实现更好的发展不仅是每个人的愿望，也是一个社会乃至全人类的共同愿望。

无数的事实证明，我们转向传说、转向崇拜的偶像，想去寻求未来的保证，这是不靠谱的，反而如果一个人甚至一个社会过分相信这些自己塑造的偶像的力量，而力图依靠某种仪式、建筑或生活方式与乞求时，往往会带来很多消极的影响。如前面所说，人类社会能克服各种困难顽强地发展至今，始终有冷静的一面，我们能够真实确定的未来，必定是我们以确定的规律所能反映的未来，而这种我们所能确定的规律即是科学。只有在科学的范围内，我们才能准确地把握未来。科学源于现象中的细节，而且除了一般的语言、文字外，通常也需要有专门的术语、公式、符号等来表述，要掌握这些专门的表达方式，必须通过专业的学习。科学越发达，其专业的分化越细致，知识的总量也越庞大，单靠个人的力量要掌握所有的科学是不现实的。因此，用科学认识未来，判明未来的正确发展方向，避开或降低未来灾害的影响，并非易事。一方面社会要鼓励成员按专业分工尽可能地全面继承掌握社会已有的科学，鼓励开展科学的探索，只有通过探索获得新的科学才能使社会对未来的认知更进一步，社会要对科学探索的成果及时采纳，并及时调整适应；另一方面，任何社会成员在实践过程中，应不计个人得失，而从社会整体未来发展的角度出发，及时公布探索出的成果和察明的机遇以及危险等。

5.1.2　从社会的角度看科学探索的动力

人们把握未来的目的，是为了今后更好的发展，对于社会、对于人类都是如此。但把握未来以实现更好的发展，就需要从科学入手。在发展过程中会不断遇到新的情况、新的问题，人们首先要冷静、客观、正确地认识新的情况、新的问题，才有可能为进一步采取正确的措施解决问题、为实现社会更好发展奠定基础。

从 5.1.1 节中可以看到，人与动物不一样，动物只能依据自身的本能和种群传下来的一定的生存能力被动地适应自然环境，生物种群的进化十分缓慢且漫长，当自然界发生突变时，总会有生物的种群因不能适应环境的变化而消失，虽然从生物体的角度看，古今的人类变化并不大，但人类社会的发展，已经远远超过生物种群进化的意义，体现在社会能力的提升上，可以主动地改造自然环境，实现社会成员更好的生活。所谓发展，对个人来讲是指掌握了更多的知识，并结合实践培养了更强的能力，创造了更多的社会财富，而这财富中包含新的知识，同时也在社会当时条件的允许下具备更好的生活条件，满足个人和家庭的生活所需。对社会来讲，发展意味着社会拥有更多的科学技术，具备更强的社会能力，满足社会成员更深层的精神与物质生活的需要和社会应对各种灾害以及相邻社会竞争的需要，使社会具有更大的发展潜力和更美好的前景。而科学探索和技术创新的能力是支撑社会持续发展的核心能力。

对个人来讲，发展的最有效的途径是学习和实践，发展的标志是个人获得新的或者是更强的能力，而个人的科学探索能力和技术创新能力无疑是个人所有能力中最珍贵、最灿烂的，是构成社会探索和创新能力的基础，也是一个社会最应珍惜并善加运用的能力。个人能力的运用，也就是通过每个人的劳动，创造社会的财富，在财富中若获得新的科学认知与技术进步则尤为珍贵，用劳动的所获保证个人和家庭的健康生活，这是个人发展的效果。但个人能力的发挥和应用，从来都不是独立的个人行为。甚至个人技术能力的提高与完善也需要在社会创建的相应条件下进行。特别是科学探索和技术创新能力的形成与提高，更离不开社会的支持。前面已经讲过，人类的生物个体的特征差别并不大，从事某种工作的潜质在每个时期分布也不会差别太大，但是个体后天所具备的技术能力往往有很大差异，这种差异很大程度上是因为个体所受的教育不同以及所付诸的实践不同导致的。如果科学与技术有代差，可想而知形成的技术能力也必然会产生代差。前面也说过，科学探索和技术创新的能力已非一般的教育和培训能企及，更多是要靠在社会实践中获得。因此，如果我们脱离当时的社会环境，仅从个人的角度来看科学探索的动力，就易被表面的现象所蒙蔽。

古希腊文明是欧洲文明的摇篮。古希腊文明的创造者是居住在以希腊半岛为中心的地区，包括南意大利、黑海沿岸，小亚细亚西岸及爱琴海诸岛等地的古希腊人。古希腊是欧洲最早接受西亚农业与表铜文化的地区，多山、耕地有限。巴尔干山脉的支脉将希腊半岛分成北、中、南三部分，这促进了后来古希腊发达的航海业的形成。大约在公元前7000年的石器时代，就有人类在古希腊地区活动。进入青铜器时代，大约在公元前3000年，在古希腊地区出现了两种与古希腊航海发达密切相关的文化。航海业的发达，不仅给古希腊带来巨额丰裕的财富，也有力地促进了古希腊与其他民族的交流，激发了古希腊人的探索与创造。公元前500年至公元前336年古希腊文明进入了繁盛期，这期间古希腊的城邦三次击败了波斯帝国的入侵，捍卫了古希腊城邦的领土和殖民地，古希腊人成为地中海上航海业的霸主。这期间古希腊涌现出了众多的优秀人物，他们的光辉直到现在仍然夺目，如：著名的政治家，雅典盛世的主导者伯利克里；哲学家亚里士多德、柏拉图、苏格拉底；数学家毕达哥拉斯、欧几里得、阿基米德等。他们大多在自己从事的专业中建立了辉煌的业绩，甚至开创了人类相关科学技术领域的先河。古希腊的神话至今仍广为流传，影响一代又一代的文学家，《荷马史诗》除了有很高的文学价值外，还蕴含大量的历史信息，如特洛伊木马事件，以前总有人认为这可能只是传说故事，但当人们根据 20 世纪《荷马史诗》的记载发现了特洛伊古城的旧址之时，人们才确定这是真实的历史事件，以至改写了原来的历史。但与此同时，古希腊的两强雅典与斯巴达各组同盟，想要击败对方一统爱琴海地区，结果却两败俱伤。公元前338 年，马其顿的国王菲利普二世率军队在喀罗尼亚大败希腊联军，占领了希腊。此后不久希腊城邦又举行了起义。公元前 336 年，菲利普二世遇刺身亡，其子亚历山大即位，这就是历史上有名的亚历山大大帝。亚历山大率军很快平定了希腊城邦的起义。此后，古希腊的文明对后来的古罗马文明及基督教的形成都产生了重大影响。到欧洲中世纪时，即14 世纪意大利有"文艺复兴之父"之称的人文主义学者弗朗西斯克·彼特拉克说的"中世纪黑暗时代"，古希腊的文明仿佛消逝在欧洲人的视野中。这期间，宗教主导了人们的生活，教会是社会规范的制定者和维护者，从事科学研究与探索的活动受到了很大的打压，加之瘟疫的流行和战争，欧洲社会处在一个发展相对停滞的时期。直到文艺复兴，以古希腊和古罗马文献和艺术为代表的古典文化，才又重新引起了先进知识分子的浓厚兴趣，他们中的代表人物有彼特拉克、但丁、薄伽丘、达芬奇、拉斐尔、米开朗基罗等为古典文化成为提倡人文主义精神、反对愚昧迷信的思想武器，不仅为后来的宗教改革和资产阶级革命提供了必要条件，也为后来西方科学与技术的大发展及其推动整个社会的突飞猛进奠定了基础。而地球另一侧的中国，直到 20 世纪初，封建势力依然顽固，与西方在科学技术上的差距已然很大。虽然在 19 世纪中叶时清朝的国民生产总值仍在全球占据首位，是西方任何一国难以企望的，但由于社会没有鼓励科学探索的氛围和条件，同时也没有积极去学习西方的先进科学，致使中国近代技术全面落后，中国的国力远远弱于西方，这直接导致了中华民族的百年屈辱史。

　　社会快速发展的时期，也往往是其在科学探索方面取得重大成就的时期，但科学只是提供了正确的认知，最终还是要通过技术创新才能形成社会的技术能力，最终推动社会发展，这样就会形成一种良性的发展。相反，当社会陷于停滞甚至衰弱时，社会不仅不会提供科学探索的条件，而且还会为了维持旧有的腐朽统治对科学采取打压的态度。若不能打碎旧的锁链，重新唤起社会发展的诉求，科学探索是很难得到鼓励和支持的。因此社会的发展才是科学探索的真正动力。

前面我们讲过，实现更好的发展不仅是每个人，也是一个社会本身的愿望，但能否实现这个愿望，取决于能否正确把握未来。对社会来讲，正确把握未来，首先要正确认识可触及未来的规律，而这又取决于社会已有的科学和科学探索在当时的成果。只有科学才能引导社会实现主动的发展。社会在其发展过程中必然会遇到新的情况、新的困难，由于只有通过科学探索才有可能正确了解新情况、分析新困难，这时，社会会主动积极地推进科学探索，这就是一个发展的社会往往会涌现出新科学的原因。但又如前面所说，科学探索有其特殊性，科学探索不仅需要集中大量当事者的劳动，还需要社会的人力、物力和财力的支持，但人们只能确切知道探索的出发处，却很难准确预知其具体新结果，而且其结果的表现仅仅是知识，并不一定能立即转化为社会的能力。反倒是在一个守旧的社会里，新的科学意味着带来新的思想和新的技术，可能成为激化社会矛盾、掀起社会变革的思想武器。而一个不思进取的社会很难鼓励科学探索，社会的科学处于停滞甚至衰退中，最终会导致社会技术能力的衰弱。这样的社会在遇到困难和突变的情况时，往往会选取逃避的态度，实在躲不过去，也只能被动适应，听天由命。所以从另一角度看，社会对待科学探索的态度也可以反映出社会的进步和衰退。

5.1.3　从个人的角度看科学探索的动力

在 5.1.2 节中，我们从社会的角度来讨论科学探索的动力，分析了发展的社会与科学探索的关系，认为从社会的角度看，社会发展是科学探索的动力，并以此说明一个固步自封的社会往往会压制科学探索的原因。但要注意的是，社会也是一种客观存在，不论古今，人们对社会的认识都是有限的，同样，对于社会的正确认识只限于其当时的科学范围，能够有效掌控和影响社会进程的也只限于其当时的技术范畴，对社会研究同样也有科学探索和技术创新。在本节中，我们将在一个进步发展的社会条件下讨论在个人的因素中什么是推动科学探索的动力。

科学探索的特殊性，使得人们很难借助已有的科学和技术对其开展的具体细节进行规划，为此科学探索更依赖于从事者的主观能动性。也许一般的劳动或可在一定的压力下被动开展，但我们翻开历史，却鲜见能迫使所不愿意开展的科学探索而取得可以称道的成就的情况。

要开展科学探索，我们需要先达到科学的边界，这个边界一方面指在时空上我们的感知或作为我们感知的延伸和扩展的工具能够达到，使我们具备站在边界上向未知窥探和深入的条件，另一方面则是指当事者个人具备从事科学探索的知识和能力。如果说在时空上，社会集中物力、人力和财力，建立相应的技术实现和实施系统，可以迫使某人被送到通向未知的起点处，若他不愿意，也不具备所要求的知识和技能，面对未知时，除了恐惧与回避外，很难想象还能做其他事，而对于未知世界，我们本来就一无所知，尽管可以假设种种预案，但必须要当事者发挥主观能动性，应用自己的知识和技能，具体问题具体分析，或许可以从中找到克服困难的希望，才能真实准确地告诉给社会未知里的现象和他所收集的结果。总的来讲，科学探索引领社会前进，是社会的先锋，如果无此志愿的人去从事它，犹如瞎马引路，不仅对"瞎马"，而且对社会也是非常危险的。科学探索本身也充满艰辛、痛苦和孤寂，有时甚至还会有生命的危险。对于成功者来说或许会有鲜花和掌声，或许会有社会财富的回报，但他们也可能是终其一生而无所获，也可能默默地倒在了路上，化为后来成功者的一块铺路石。因此，若无对科学的热爱，若不是对科学充满好奇，任何人是无法坚持学习达到科学的边界，从在别人看来无法承受的辛苦和孤寂中获得乐趣的。

著名科学家丁肇中教授在与东南大学和南京航空航天大学的师生交谈时说过，在科学研究上，如果一切都是"应该的""合理的""完美无缺的"，没有好奇，自然缺少科学研究的灵感和动力。

萨福是古希腊唯一可与荷马比肩、在西方文学史上开天辟地的女诗人，柏拉图称她是"第十缪斯"，她的诗优雅精致，对古罗马抒情诗人卡图卢斯、贺拉斯等都产生过巨大的影响，后来在欧洲一直受到尊崇，自古罗马时代起就在不少的艺术作品中出现了她的身影。她的诗在公元前3世纪首次被编成9卷发行，但流传至今的已经很少，到现在完整的诗只有4首。有一种说法是，她曾记载了这样一件事，在古希腊勒斯波斯的小岛上，当地人用动物祭天，由于焚烧动物用的是木柴，木柴的灰烬与动物的脂肪混合产生了一种黄色的物质，大雨把这些东西冲到妇女们洗衣所在的溪流中，她们发现衣服洗得更干净了，于是便有意识地用这种黄色物体洗衣物。而这种黄色的物体就是肥皂，而形成的过程就是皂化。这可能就是关于肥皂被发现的最早记录。伟大的诗人在某些方面与伟大的科学家相似，诗人和很多文学家一样，都是在应用人类的语言方面有着非凡的能力。面对美好的事物，人们往往只能做到心领神会，不能准确或更富诗意地用语言去表达自己的感受。然而伟大的诗人和文学家不仅能让人们在面对美好事物时的感受在语言中重生，更是通过语言这个工具让这种感受升华并赋予其感染力。更重要的是，伟大的诗人和文学家，如同科学家热爱所从事的科学一样，他们热爱当时人类的生活，用他们锐利慈祥的目光关注着社会和我们所在环境的方方面面的变化对人们生活及心灵的影响，以他们应用语言的高超技能去探索并找到能够准确描述并揭示出社会的现实和人们的心愿并探讨可能遇到的难题及其解决方案的未知领域。他们对当时社会环境及人们心灵的描述，不仅为后人树立了写作的范本，也为后人打开了一扇了解当时社会、生活和心态的窗户，是人类珍贵的知识，其中蕴含有许多当时的科学与技术。因此，作为一位当时最伟大的诗人，描述距离她生活时代并不遥远的事情是有可能的。当然即使这样，诗人的兴趣也只是在关注当时人们的生活，并不在于洗衣本身。如若是一位化学家或是一位对洗涤极为感兴趣的人发现了同样的事，必定如获至宝，充满好奇，进而会不断追究下去，只要不放弃，他们一定会发现这种黄色物体形成的秘密，正是这种精神，让肥皂来到我们的日常生活。虽然只是小小的肥皂，但是肥皂的背后却是足以改变千家万户日常生活的科学。

2015年1月，在北京人民大会堂举行了2014年度国家科学技术奖励大会。会上颁布了2014年度国家最高科学技术奖。这是中国科学技术国家级的最高奖项，每年评选一次，每次选出不超过两位科技成就卓著、社会贡献巨大的个人。2014 年度国家最高科学技术奖的获得者是著名物理学家，"两弹一星"元勋，有"中国氢弹之父"称号的于敏院士。氢弹对现代中国的重要性众人皆知，而世界上的氢弹只有两种构型，一种为美国的 Teller - Ulam 构型，另一种为"于敏构型"。1957 年日本著名物理学家，后来的诺贝尔物理学奖获得者朝永振一郎率日本原子核物理和场论方面的代表团访华，年轻的于敏参加了接待工作。于敏的才华给朝永振一郎和代表团的其他成员留下了深刻印象。朝永振一郎返回日本后，他发表文章称于敏为中国的"国产专家一号"。于敏出生在天津市的一个小职员家庭，他的一位姐姐在北京师范学院读书时加入中国共产党，下有一个弟弟和妹妹早年不幸夭折。于敏于 1944 年考上了北京大学工学院。于敏发现在工学院里，老师只是把知识的应用告诉学生，而不讲知识的来源。于敏很快失去了兴趣，于 1946 年，按自己的兴趣转入理学院学习物理，立志于理论物理的研究。毕业后，他在北大读研究生并任助教，从 1951 年开始在中国科学院近代物理研究所从事核物理理论研究工作。1960 年，在我国第一颗原子弹爆炸之前，在钱三强的领导下，我国开始了氢弹理论探索工作，并在原子能研究所内设立了"轻核反应装置理论探索组"，组长为黄祖洽。为了加强探索组的实力，黄祖洽多次向钱三强建议，调来于敏。1961 年 1 月 12 日，钱三强亲自约谈于敏后，就任命他为探索组的副组长。于敏这时只有 35 岁。在当时的条件下，中国不可能从国外获得氢弹的核心理论，必须依靠自己。经过艰苦的探索，于敏发现了热核材料自持燃烧的关键，解决了氢弹原理方案最重要的关键问题。这为最终完成"于敏构型"奠定了基础。当时他立即给北京的邓稼先打了一个电话，为了保密，通话时用的是事先约定的暗语："我们几个人去打了一次猎，打上了一只松鼠。"邓稼先听出了好消息，问道："你们美美吃了一餐野味？"于敏答道："不，现在还不能把它煮熟，要留作标本。但我们有新奇发现，它的身体结构特别，需要进一步工作，可是我们人手不够。"邓稼先马上说："好，我立即赶到你那儿。"就这样，在像于敏这样一大批杰出科学家和技术专家的共同努力下，我国从第一颗原子弹爆炸到第一颗氢弹爆炸仅用了 2 年零 8 个月，而美国用了 7 年零 3 个月，苏联用了 4 年，英国用了 4 年零 7 个月，法国用了 8 年零 6 个月。

　　不论是科学也罢，还是艺术也罢，好奇心都来自于个人所热爱、所关注的方面。很难想象一个人会对他根本不感兴趣、根本不注意的事情产生好奇。除了兴趣和爱好外，个人还必须有承担相应探索工作的卓越能力，或者形象地说是个人的专长。个人的专长可体现在两个方面：一是由个体间细微的差别造成的其学习和工作的侧重方面会有所不同的现象，这是所谓的先天因素；一是通过学习和实践获得的技术能力，这就是后天因素。随着人类科学与技术的发展，后天因素方面越发显得重要，而且某些先天的不足也可以通过技术的手段去弥补。最后还有个条件，就是必须从事自己热爱又是自己专长的职业。对于个人来讲，科学探索需要这三者的统一。所以从个人的角度来看，科学探索的最初的动力来自于个人发自内心对科学的热爱和关注。个人对自己所热爱和关注方面的蛛丝马迹的变化和异常都会表现出极大的兴趣，并会利用自己的能力在社会的支持下孜孜以求获得成功。其实，不仅是科学其他行业亦如此，只有把个人的爱好、培养的专长和从事的职业三者统一，个人才能在工作中感受到最大的人生乐趣并获得事业的发展。

　　人的爱好也不是完全天生的，很大程度上是由后天生长环境和接受的教育决定的。而兴趣和爱好必须基于客观的现实，只有有利于社会总体发展的兴趣和爱好才有意义，才会为今后健康的融入社会奠定良好的基础。我们的社会，特别是我们的家庭和教育，必须为培养孩子的正确兴趣和爱好打下良好的基础。这种培养，应因材施教，尽量尊重和发掘孩子天性中的突出优势，这也会为他们以后的顺利学习、培养专长铺设出一条健康快乐的道路。这些本应是对现代教育最根本的理解，但在现实中，很多人把这些忽视了，以"望子成龙"或"子承父业""光耀门庭"的想法，试图强迫后人按长辈以为最好的愿望甚至是自己的梦想去培养后代的某些兴趣、爱好，让他们学习某种技能，甚至从事长辈希望的职业。但抹杀天性的做法，以后会在下一代心中留下难以消除的阴影，造成性格的缺陷，使他们感受不到工作中的快乐与幸福。而科学探索本就是不可能按前人的意愿规划和确定的，老一辈更不可能以强迫的方法去培养出能够承担科学探索工作的人，这样的人更无从去推动科学探索。

从另一方面看，社会要鼓励、支持个人的健康学习和发展，鼓励人们从事与自己兴趣和专长相符的职业，要及时发掘从事科学探索的人才，创造条件，支持他们从事科学探索，以引领社会的前进，同时社会也要及时自我调整以适应新的科学与技术的发展。

5.2 技术创新的动力

技术是个人与社会根据自己的目标，利用科学而构筑的可重复实现和验证目标的知识体系。从这个意义上讲，技术创新的动力比科学探索的动力具有更明显的复杂性。技术创新的动力源于个人与社会的目标，也就是个人与社会的某种明确的需要。个人与社会的需要是多方面、多层次的，既有物质层面的，也有精神或者意识层面的。前面也讲了，如果失去有效的约束，任何个人和社会的需要可能膨胀至无限，可以表现为各式各样奇幻的诉求。因此对于技术创新的动力的讨论，难点在于究竟怎样的需要或者诉求才是合理可行的，才可以成为真正推动技术创新的动力？而需要又与愿望密切相关，又很容易混淆，为此，我们先从需要与愿望说起。

5.2.1 需求与愿望

需要除了有主观性以外，还有客观性。需要的客观性通常是指个人、社会为了生存和发展所需示的客观支持条件和事物，等等。至于我们常说的亲情、友情、爱情等情感的因素，虽只存在于每个人的意识中，但却可通过我们的言语、行为及环境等表现出来，也是个人和社会存在和发展所必需的因素，也就是客观存在的。

需要的对象一定是具体的、客观的，一定是与个体和社会在当时条件下生存和发展相关的。而将需求准确表述出来，也是我们知识的一种重要的形式。需求只有准确地表述出来了，才可能让他人了解，才可通过社会的知识去评判这种需求的合理与否，进而确定后续的行动。从本质上讲，不论个人也罢，还是社会也罢，存在是依靠于现实的客观，发展也是在现有客观的基础上选择或适应最有利的客观条件而行的结果，包括我们的意识，也包括我们的情感。需要的对象若不具体、客观，其本身首先就很难说是个人与社会发展的必需；再者，对不具体、不客观的对象，可谓是"仁者见仁，智者见智"，每个人都可能有不同的认识和想象，即便是表述出来也必然是含糊的、模棱两可的，也许从某类人群的共有知识的范围内引一些共鸣能影响他们的某些行为，但这些行为的效果很可能是对个人或社会的存在与发展起消极作用的。因此，我们讨论需求时，只针对具体的、客观的对象。

但是为什么又说需求既是主观的，也是客观的呢？首先我们讨论需求的主观性。所谓主观性的需要是指个人与社会根据现实中自己生存和发展的感觉或者认识，在意识中形成的使自己更好生存和发展的诉求。人的思想往往具有应瞻性，我们都会基于现实的生活来憧憬将来的生活。将来与现实的差异导致我们对当下生活的不满，这种不满正是这种诉求。这种要求完全是基于个人和社会单方面的意识行为，从这个意义上说需求是主观的。最直观的一个例子，我们在日常生活中经常可见。我们常问小朋友："你长大后想当什么？"不同时代的孩子，不同生长环境生长教育的孩子受他们环境耳濡目染的影响会有不同的答案，也许在一个英雄的年代，孩子的梦想是想当个英雄，当个军人，在一个科学技术快速发展极大改变和影响人们生活的年代，孩子的梦想可能是当一名科学家，当一名老师。但不论怎样，这些都是孩子们心目中认为今后最美好、最适合自己的职业，以此还可以构想出无穷的梦想。对于健康向上的向往，大人们总是会心一笑，言语间多为鼓励，但经历生活沧桑的大人们同时也有类似的梦想，但生活的磨练，岁月的催人，已使他们深知现实的状况，把很多的梦想压在心灵的深处，只是在看到，有能力者甚至用笔写下或形成相应的艺术作品时，形成心灵的共鸣，感动得老泪纵横。越是年轻梦想越多，我们的幼年也是梦想最丰富的时候。当然小孩子的梦想中，也有大人们认为不合适的，遇到这种时候，大人们通常会出于自己的经历，轻则劝教一通，重则可能就此打骂责罚。但现实总是有光明就有黑暗，有美好就有丑恶，有善良就有凶恶，每个人的经历和环境的差异，必然会形成包含光明与黑暗、美好与丑恶、善良与凶恶的不同想象而共存。这也就是人们常说的，每个人的心里都住着两个天使，常常吵闹不已，使人们陷于困惑中。从人类长期历史发展的经历看，一个社会为了保持稳定，实现所有成员的最大可能的生存和发展，人们总是希望光明战胜黑暗，美好多于丑恶，善良赢过凶恶，以此形成基于当时客观条件和社会知识的公众的公识、道德准则，甚至法律规条等。当然受制于每个时期客观环境和社会知识的限制，所谓的正确与错误也是相对的。不分情由，过分执着于自己以为正确的，往往会陷入保守和消极；同样，不管社会的容忍程度如何，一味标榜所谓的个人意识，前卫主张颠覆社会已有的正常伦理道德观点等，也易造成社会思想和意识的混乱，若一个社会不能及时处理，还能使社会陷入动荡，因此正常社会出于稳定的目的必然予以惩罚。如果仅仅局限于主观性的需求，任马驰飞的话，任何人都可在其所掌握的知识范围内形成自己的愿望，并把它们放大到无限的地步，对于社会来说亦如此。如此，任由基于主观性的需求表述，必然会在各人以至社会中的不同群体和社会之间造成想象中的利益大冲突，最终会引起社会的内耗以至动荡。当然现实中客观环境的资源和人类劳动创造的财富是有限的，每个人和社会的实际能力也是有限的，任意放纵的诉求，最终只能转化到对现实资源和财富的争夺甚至破坏上。人类历史的发展经历一再表明，社会的发展繁荣更多的是要基于一种稳定的、和平的社会环境。人的破坏能力往往高于人的建设能力，对社会亦是如此。建设与破坏的如此不平衡关系，是造成人类很多社会，甚至一些文明兴衰的很重要因素。而一个能长久持续发展的社会和文明，必然有着自身协调处理这种关系的强烈机制，说到底就是协调处理好不同时期，从个人到不同群体在主观性需求方面所表现出的诉求，使它们得以有效约束、平衡。没有冲突是不可能的，但必须把这种冲突控制在社会和文明能持续存在的基本限度内，而冲突一旦超越了这个极限，社会和文明将不可避免地走向衰败。

另一方面，作为客观存在的个人与社会，在相应的客观环境下，其生存与发展又有其所必需的客观条件。如作为个人来讲，每天生存所必须的吃、穿、用、住、行，都是客观条件所必须满足的。对于作为社会亦如此，它的存在是建立在大多数成员的正常生存与发展的基础上的。不仅个人和社会所处的客观条件及可利用的资源是有限的，而且作为客观存在的个人和社会来讲，人们的认识也是有限的。与一般的事物在自然界中的变化不同，个人与社会在生存和发展中受意识的影响，其主要是主观性的需求影响很大。而当我们以一个主观性的需求为目标，并采取行动时，如果这个目标不符合客观要求，注定所确定的目标不可实现，但个人与社会作为客观存在有它们自己存在和运行的规律。这种不可实现的目标和盲目采取的行为，如果谨慎些，及时冷静观察，可能在造成毁坏性结果之前及时被纠正，还有挽救的余地。因此我们可以从两个层面来看需求的客观性：其一是需求必须符合于客观实际，这是确定个人和社会的需求是否具备可行性的条件，同时往往当个人和社会发展到新阶段时，也会根据客观条件提出新的需求，而冷静客观才能感受和发现这种需求；其二是需求的所有实现的具体细节和步骤必须基于现实客观实际，这是保证需求的目标在现实中能够实现的条件。从这里结合本书前面的诸多论述，已经可以猜测出需求的客观性必定与科学、技术有着密切的关系，这个问题我们将在下一节中讨论。

到这里我们可以讨论愿望了。愿望是什么？从根本上说就是主观性的需求。每个人都可充满不同的愿望，而且我们展现出来的愿望往往是美好的，我们也可以通过不同的形式描绘、记录下我们的美好愿望，从而构成当时社会知识的重要组成部分。但对于愿望，尽管不乏看起来极其美好的愿望，在将它们确定为追求的目标时，却要极为慎重，如果愿望不能满足需求的客观性条件，那么我们还是将这种美好愿望停留在知识和想象的层面为好，将它们告诉后人，待以后客观条件成熟后，再采取实际行动，否则美好的愿望可能以不美好的结局收场。

为了叙述方便，这里以后我们不妨把主观性的需求称为"愿望"，而在没有另外说明的情况下，"需求"即指满足客观性的需求。

不论是愿望也罢，需求也罢，都是分层次的，这种层次可从两个方面来理解。

一般地，就个人和社会而言，首先根据自身的客观处境，就会提出较低级的愿望和需求，当低级的愿望和需求实现后，必然会提出更高一级的愿望和需求，如此这般，把愿望和需求推向更高层次。但受制于客观条件，实现的需求总是有限度的，而愿望则可以随着经历和知识的增加在不断的演化，只要个人的大脑正常工作，社会的意识在，愿望的演化就不可能结束。历史的经验告诉我们，企图以某种约束去制约压制人们的愿望时，往往除了造成社会的知识封闭、想象力的缺乏外，并没太大实效，因为没有任何手段能压制住每个人心里盛开的希望之花。反而不如鼓励人们将心中的愿望书写出来，以此丰富社会的知识和想象力。正常的社会应具有是非、美丑和善恶的判断标准，所谓"公道自在人心"。一个合适的方法，不是压制，而是把这些愿望暴露于光天化日之下，暴露于公众的视野中，正常的社会都应具有判别、甄选、褒奖、批判的功能。艺术的很大部分的功能就是应用现代科学和技术，通过技术的创新，努力探索现实中个人与社会的生活和情感的现实和变迁，总结出体现社会中光明战胜黑暗、正义战胜邪恶、善良战胜凶暴的最基本、最为大众所知的感觉、情感和变化规律的不同的艺术表现形式，同时还要把标志社会知识巅峰的各种美好的愿望以形象的形式表达出来，以丰富社会的精神生活。这本身也是人类知识再创造、再结晶、再升华的过程，是人类知识传承中极其珍贵的部分，其中细节往往也包含着当时的科学与技术。艺术的创作与探索，在很大程度上与技术创新与科学探索具有共同性，同时也必须建立在当时的科学与技术之巅，建立在时代的真实基础上，艺术才具有最富于时代特色的表现形式，也才具有生命力。

在另一个层面上，人们居于社会的不同层面，如技术能力、掌握的知识、拥有的财富、可供支配的资源等各不相同，也会形成代表社会同层次的愿望与需求。社会的层次越高，其愿望与需求也就越高，越应该区分愿望与需求的差别，以集中在此层面上能够集中的专业技术人才，集中相应的社会财富，充分利用可调配的资源，实现社会能力的提升，从而最大可能地实现社会的发展。反之越往上走，不注意判别愿望与需求的差别，不以实现社会能力的提升和社会的发展为目的，则可能产生相反的影响和作用。

5.2.2 需求与科学

如何确定需求的客观性，是我们能否以此为目的开展技术创新的关键。技术创新不外乎两种形式，一是实现以前没有实现的目标，二是通过新的技术途径更高效地实现已有的目标。技术创新的成果是得到了实现目标的新的技术。从技术本身的定义看，技术创新不是科学探索，它必须依托于社会现有的科学和技术，亦如前面所讲，任何技术的最终划分是当时的科学。只有科学的有效组合才能保证技术目标的可重复性和可验证性。

另一方面从科学的定义看，只有在科学的范围内，才是社会正确认知的世界，才是社会可以利用来实现自己目的的范围。因此无论从技术的定义还是科学的特点看，能够以人们的主观来判定需求的客观性，并确定是否依此开展技术创新工作的，唯有在社会的科学范围内，借用已有的科学与技术进行。

如前面所说，现代技术的构成都极其复杂，如若要将任何一样技术都划分至最末层次的科学，恐怕单凭个人的力量无法做到。同样，在判定需求的可行性时，我们一切都从其所涉及的末端科学出发。我们所面对的实现目标需要的如此复杂多样的科学，一般都远远超出个人甚至几个人乃至一群人的知识范围。虽然从理论上这样做似乎很好，但在实际中却无法操作。任何一个现代技术的实现，都建立在现有社会的技术分工和密切合作的基础上，如前面在讲技术系统性的章节中所说，在掌握技术时，并不要求所有的科学细节，只需要掌握与技术本身直接相关的科学，以及与技术直接相关的下一层的技术即可。这是由该技术的直接相关专业的特点所决定的，也是划分技术专业的重要依据。而对于下一层的相关技术，我们只需要知道怎样用，由社会的哪个分工部分提供，需要配用由社会教育体制所培养的何种专业技术人员。对于需求的可行性差别也是如此，我们只需要把握住其相对于以前的技术采用了哪些新的科学，这些新的科学在其中又涉及需求中哪一层次的"新技术"。凡是采用新科学的"新技术"，在这里之所以打上引号，是因为这样的"新技术"在没有验证前，仅仅还是基于科学的设想，是待验证的技术，科学创新的一个重要责任，就是验证这些设想，使其成为真正的新技术。如图 5 - 1 所示。

只要还没有验证，采用了新的科学，都是待验证的技术；只要任何层次包含了待验证的技术，其本身也为待验证的技术。图 5 - 1 中 A 为实现需求目标的最终需验证的技术，但为实现 A 目标，在构成它的所有涉及的待验证技术，都需要通过技术创新活动来验证。如果在构筑需求 A 实现的技术中，处于很底层或者是离 A 层次相差较远的技术属于引入了新的科学的待验证技术，由此上溯所有涉及的技术都需验证，而且这些待验证的技术涉及的专业往往超出顶层 A 所主要归属的专业，

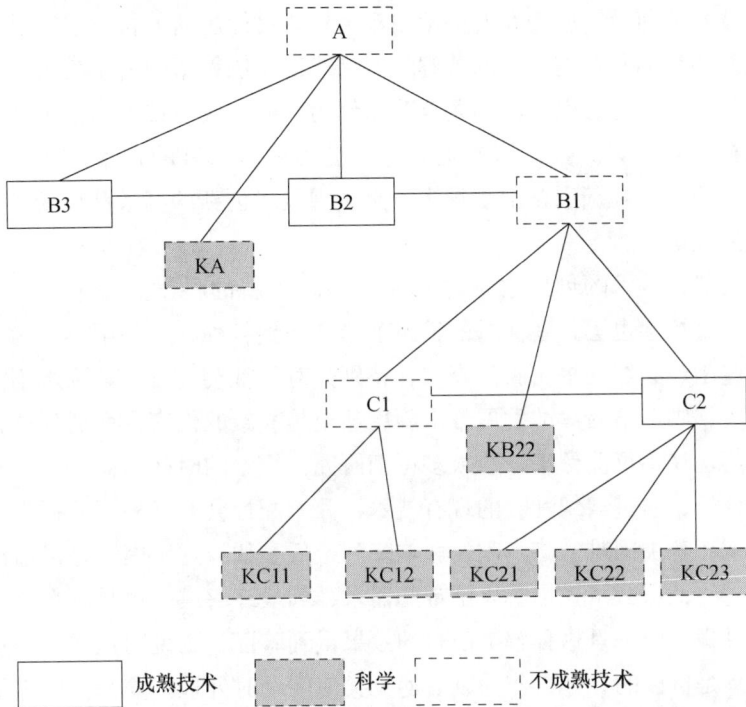

图 5-1　技术创新的构成示意图

这样会极大增加技术创新的难度和工作量。因此一个合理的做法是将引用的新科学尽量限定于 A 所直接构成的这一层中，这本身就是 A 所在专业所从事的主要方向，如果自己不去突破，别的专业则更难越俎代庖。而且在下一层次涉及的新科学和新的未验证技术也要控制，如果新的科学和未验证的技术过多，也会造成创新任务的困难。而对于涉及层次较低的未验证技术，如果在可能的情况下，尽可能选用可替代的成熟技术，先实现需求的目标验证。而让底层未验证的技术自己发展完善并验证成为成熟技术后再及时引入，以提高整个系统实现目标的效率和水平。

　　如果实现目标 A 所需要的新科学还需要探索，在无其他替代的科学与技术的条件下，不妨缓一缓，集中精力先开展科学探索，或许这将成为引领专业发展的关键。在科学探索没取得实效以前，以实现 A 为目标的技术创新工作是无法再深入的。由此，在前面我们说技术创新要站在技术的前沿，应用新的科学去实现新的目标。新的科学往往是我们实现新的目标和新的能力的关键，但绝非说仅依靠新的科学就可以，反而是新的科学起着引领和画龙点睛的作用，但构成新技术的根本还是要建立在社会已有的技术基础上。充分借用社会已有的技术，站在"巨人"的肩上，在新科学的引导下，是实现技术创新的高效和更新、更强能力的关键。

当然，技术的创新也不尽然完全要融入新的科学。无论是个人也罢，还是社会也罢，在前进的道路上总会遇到各种各样的困难，为了解决这些困难必然会提出新的需求，特别是对于社会而言，若困难不能及时解决，则会给后续的发展带来隐患甚至是直接的伤害，而遇到这种情况时，往往不可能留给社会太多仔细研究、探索的时间，而是具体问题具体分析，通过组织社会的现有技术，并调配社会的各种资源通力合作来实现，解决困难，将不利的影响降到最低。如果这种困难是以前没有遇到过的，那么从提出解决困难的需求，到最终解决，也是一个技术创新的过程。而一旦这种解决困难的效果得到验证，则说明这样一个技术的体系是可以的，亦可作为以后遇见类似问题时处理的参考。同样从发挥社会技术分工、密切配合的优势的角度上看，在这时，只需要理出解决问题、达到目标 A 的直接相关的成熟技术及其相互之间的关系，至于成熟技术以下涉及的下层次技术的组织，则交由该成熟技术负责即可。这样可以最大限度地减少中间环节，发挥社会分工的效率和积极性，以最快的速度解决困难，减小不利因素的影响。这也是直接通过技术创新解决问题。在这种情况下，需求的可行性的判别主要取决于社会现有的技术。为此，正常的社会都应未雨绸缪，应从历史发展的经验出发，针对可能出现的危险发展一系列针对危险的技术，形成相应的技术能力，防患于未然。

5.2.3　创新的验证

现代技术的组成往往极其复杂，要在此基础上实现的技术创新就不可能很简单，其覆盖的知识面和包含的专业技术领域常常也会远远超出个人能力所及。现代科学的分类和组成也很庞大和繁杂，这些都给我们完全基于科学判别需求的可实现性带来了困难。

前面我们也讲了，准确地把握科学的界线本身就是一件很难的事，因而使得我们完全从科学的角度判定目标的可实现性时，从理论上看是很好，在实际操作时却会遇到困难。特别有些仅从理论上提出看似科学，但却从没有验证的学说混在其中时，说起来可以头头是道，但实际上却暗伏极大风险。

虽然现有成熟技术的应用为我们在分析需求可行性上提供了有利的基础，但应看到，不仅科学是有限的、有条件的，而且每一个成熟的技术也有它本身依存的客观条件和限制。当把它放在新环境中时，特别是我们依环境变化还要求它有所调整时，可能会发生我们意想不到的情况，这些情况往往并不是本质上的决定因素，每一个情况的细节处理也许很简单，但技术的最终成功取决于所有细节的成功，往往是一个不起眼的失误或考虑不周就会造成一个庞大的技术实施和实现系统的崩溃。表现为知识的技术是以实事求是的态度描述当时的人们按当时的条件、按特定的要求和程序组织符合要求的各种资源，经过有效组织和分工配合可以实现目标的具体方式、方法与手段。但再实施技术时，要在满足原技术要求的前提下，分析客观环境条件的变化以及人员的变化，做出适度调整。而技术创新除了采用成熟技术的知识形态外，更直接、更有效的是采用成熟技术的产品。成熟技术的产品有其使用的条件和要求，在技术创新应用时，一方面要尽可能满足其条件和要求，但另一方面每个技术创新又有其具体的环境和特殊要求，很可能遇到的是原成熟技术产品所没有考虑到或者是有冲突的地方，这也需要借助成熟技术的改进和完善来解决。

因此，综上所述，以需求为目标的技术创新，仅靠局限于知识领域的理论分析、设想、设计和讨论，是不够的，还必须通过实践的验证才能最终证明需求的可实现性。这种验证也要分层次、有步骤地来执行，以体现验证过程的高效、客观和公正。具体来讲，一般可分为以下几个步骤，代表验证的不同层次。

（1）需求形成目标的验证。

当我们提出一种需求时，应形成实现需求的目标，这个目标应该是客观的、可量化评估和可对比的，这样才能准确评价提出的要求相对于现有技术已经实现的需求有何种的必要性和先进性。而这种必要性和先进性又应该立足于社会的长期稳定和可持续发展，有利于解决和克服社会目前面临的主要矛盾和重大的困难，能够为化解社会潜在危机提供形成技术能力的支撑。当然这些判断的准则必须建立在科学认识的基础上。

同时只有目标的客观和可度量才可为技术创新实现其拟采用的原理和途径提供依据，以明确基本原理和技术途径是否具有科学性。若不具有科学性就没有开展的必要。

（2）原理的验证。

针对需求拟定的目标开展的技术创新，必定有相对于现有与之同类或最接近技术先进性体现的地方，而先进特性体现的地方正是技术创新突破的关键，它必定是基于我们现有科学或技术重新组合形成的某种新原理。这种新原理必须首先得到验证。如我们说新能源汽车，那么我们必须首先验证这种新能源基于科学原理的可行性，只有这种原理首先验证，并且具备车载使用的基本特点，我们才有进一步开展技术创新后续工作的必要。

（3）关键技术的验证。

基本原理验证可行后，当要将它具体应用到技术创新针对的具体目标时，还要受目标实现的具体环境和运作或使用、操作条件的制约，这些制约点可形成若干关键技术，是技术创新必须解决的。如新能源汽车的能源的原理验证可行后，但还需要解决操控安全、驾乘人员在正常使用和异常状态时的安全、对环境的安全，以及新能源补给的快速安全等关键技术，并有效验证。

（4）系统验证。

在关键技术都得到逐项验证后，也并不能保证把所有关键技术与采用的现有成熟技术按要求组合起来，在使用和运作环境中就能满足系统有效性和可靠性的要求，为此还必须开展系统验证，如新能源汽车在各项关键技术突破后，就可按一部新能源汽车的整车模样，将其核心原理、关键技术与其他应用的相关成熟汽车技术结合起来，在有关汽车检验标准中按规定的各种环境、各种道路要求行驶完一定多的里程数，才能最终表明该新能源汽车的技术创新是可以实现的。

而在这些所有验证过程中，积累的设计、试验文档、图纸、资料、数据乃至多媒体和模型、数学分析仿真的方法及结论、软件等，最终都成为该新能源汽车技术创新活动形成技术的成果。技术创新的过程就是一个有步骤验证需求确定目标实现的实践过程，而技术创新的动力正来自于需求。

5.3　探索与创新动力的进一步讨论

前面分别讨论了科学探索和技术创新的动力。科学探索的动力可从两个角度，即社会的角度和个人的角度来看。从社会的角度看，社会的发展是科学探索的根本动力，只有一个发展的社会、充满希望的社会才会积极鼓励、支持科学探索；从个人的角度看，科学探索的动力来自于个人对科学的热爱和对未知世界的好奇。当社会鼓励、支持科学探索时，成为科学家会是很多孩子的梦想，社会普遍尊重知识、尊重科学，科学探索是一项受人尊重和羡慕的工作。反之在一个因循守旧的社会里，科学探索发现的新科学往往会成为砸碎各种思想上、制度上落后保守条条框框的有力武器，因此社会不但不支持鼓励科学探索，还会以各种借口打压之，科学探索将是社会中非常危险的职业，从事者甚至会有生命的危险，如果这时还有科学探索，也很大程度上潜行在各种看似具体的技术行为中，以某种当时社会可以容忍的新技术的形式出现，而不是直接展现为新科学的形式。当然这既不利于科学的传播与学习，也不利于科学的利用和发展。所以在科学探索动力中起决定作用的还是社会发展因素。

每个人都有与生俱来的好奇心，这种对陌生事物的原始好奇心产生于人类科学发展的最初阶段。当个人的活动范围稍微大一点，接触到未知世界时，好奇心也许可以是帮助人类获取最原始科学的动力。但到现代社会，科学技术已经高度发达的今天，单单靠这种原始的好奇心来推动科学探索显然已经不够了，而要通过改变社会对科学的态度，通过个体在社会教育体系中有目的的学习，培养出对科学的浓厚兴趣，掌握必需的知识和专业技术能力，这样个人才可能有敏锐的专业感觉，清楚地找到科学的边界，抱着对未知的强烈好奇心，在社会的鼓励与支持下开展科学的探索。越是科学技术发达的社会，科学探索越需要社会的支持与鼓励，越需要集中社会的财富和资源支撑才能进行，科学探索越来越体现出其社会性，科学探索对社会的依赖也越大。所以，即使从个人角度看，培养对科学的好奇心，不是个人的行为或者完全取决于天性，而与变化的社会环境和受过的教育密切相关。

但应该看到，任何正常社会首要的是维持自身的存在与稳定。只有在实现自身存在和稳定的前提下，才可能有社会的发展，企图通过社会的突变实现发展往往是不现实的，反而突变多导致社会的混乱与退步。而在一定的客观条件下，社会能够把握住的，能够按社会的意愿实现的，只有社会拥有的技术。技术创新的动力来自于个人与社会的需求，而保持存在与稳定始终是正常社会的两大需求，社会会集中已有的资源和财富，推动技术实施和创新去实现这一需求的不同层次的目标。对正常社会来讲，社会的主要力量还是在于通过技术实施和技术创新实现自身的存在稳定和发展。而科学探索始终是社会的先锋，应是与社会当前的现状相适应的。从本质上讲，只有科学才能引导社会发展的正确方向，而社会现实急需的各种新需求，只能在现实科学与技术的基础上，通过技术创新去实现。而科学探索提供的是今后发展的新科学，在探索成功前对现实的社会并不能产生实际的作用。这就要求正常社会处理好现实存在和未来发展的关系，对现实来讲，通过技术创新可以解决现实问题，实现社会的更高的能力，创造更多的财富，使社会成员生活得更好，但科学探索却引领未来。

通常来讲，社会习惯于技术实施和技术创新，即提出明确目标，判定有效规划和策略，分步实施，阶段考核，效费评估，成果获利或实际得到的技术能力的评估。但这个思路明显不适合科学探索。可以说如何有效处理协调好技术创新与科学探索的关系，如何有效评价技术创新目的的合理性，如何有效推进科学探索工作，一直是困扰人类社会发展的重大问题。在人类不同的文明发展阶段中，我们都可以看到这个现象，一个高效组织的社会文明可以创造很多宏伟的奇迹工程，可以创造很多财富，但却很难如此去组织科学探索，而当社会判定的需求目标偏离了科学的引导和约束，把看似美好但却不合理的愿望作为社会集体的目标并力图组织社会资源和财力去实施时，虽然也可伴随一系列的技术创新，创造留世的奇迹，但却与社会存在、稳定和发展的根本要求相违背，甚至成为社会文明衰退的重要因素。同时也有很多例子证明，一个相对松散、组织能力不强甚至长期争斗的社会反而对应着人类社会思想、文化最活跃的时期，或人类科学重要发展的时期，但这样的社会常常因缺乏高效的组织，社会整体的技术能力在与其他同期社会文明的竞争中往往处于不利地位，或者缺乏有效应对自然灾害的能力，终究消退在战争和自然灾害的阴影中。

第6章
探索与创新的方法

　　不同的学科、不同的场合对"方法"一词有不同的解释，而这个词在古汉语中本指度量方形的法则。《墨子·天志中》有"中吾矩者谓之方，不中吾矩者谓之不方，是以方与不方，皆可得而知之。此其做何？则方法明也。"而现在方法一般多指为获得某种东西或达到某种目的而采取的行为方式。与手段相区别，方法被概述为人类认识和改造客观世界时应遵循的某种方式、途径和程序的总和。而手段的最大特征在于它是以实体形态存在的，是一物或诸物的复合，是通过自身所具有的属性作用于客观对象。马克思在《资本论》中也称手段为人体器官延伸的工具，如同我们说的硬件、设备等具体的构成。而如黑格尔说方法为主观方面的手段，培根称其为心之工具一样，方法则对应为大脑扩展开的手段和工具，如同我们说的软件和思考判断流程等。这里我们也力图从科学探索和技术创新的最一般层面研究其方法。

6.1　科学探索的方法

　　科学探索是面向未知寻求获得新的科学的行为。为此，要确定应该在什么地方开展科学探索，只有达到了正确地点才能进行下一步的工作，而这个地方就是科学的边界。

6.1.1　科学的边界

　　科学的边界也就是常说的科学的前沿。达到前沿是开展科学探索的前提。那么，如何达到科学的前沿呢？总的来说，应主要从两个方面考虑，即知识的掌握方面和面对客观环境的方面。

在前面我们曾讲过，从知识的层面来说，每个人的知识都可能超越现有的技术、科学和一般的知识，但是一个人的知识再怎么丰富，无论是掌握的技术和科学，还是一般知识，相对于人类社会的知识来讲不过是沧海一粟。而且每个人对于知识，不可能生而知之。获取知识的方法是学习和对实践的思考和总结。每个人的时间和精力都是有限的，而在有限的时间里用有限的精力去掌握知识的最有效办法是学习，即使学习也不可能什么专业都去学并成为所谓的"全才"，而应根据自己的特点，专注于一个确定的方向，才可能沿着知识的深度方向前进得越来越远、越来越深。有这样一个形象的比喻，如果把我们每个人能用于学习的有限时间和精力乘积的面积比喻成我们每个人学习的能量，当能量一定时，一个人越专注于一线，则力量相对越集中，前进的距离也就越长。同样对于实践来讲也一样，当我们的工作越专注于一件事、一个方向，我们越可能做好、做得深入。而科学探索发生在人类社会的科学前沿处，这要求我们必须要在知识掌握的程度上达到这个地方。要实现这个目标首先要借助于社会现有的教育体制和科研体制，通过专注的学习和实践，具备从事该处科学探索所要求的知识和能力。同时对个人来讲，只有在知识和能力上达到了这样的要求，才可能清楚了解科学前沿的状态，才可能及时捕捉稍纵即逝的机遇。

除了在知识和能力上要达到科学的前沿外，还需要达到科学前沿的真实所在。我们在前面说过，科学探索的成果是可引领未来发展的新科学。虽然说科学是人类可以永续传承的"财富"，但科学只有被应用于技术中以实现个人与社会的目标时，才能创造我们一般生活中赖以生存的财富。科学探索面对的是未知，社会无法为其制定明确的目标、作出详细的规划。为此从社会的角度看，对科学探索应有特殊的评价和认可鼓励的形式。社会虽然不能规划探索的具体目标和细节，这一切要靠具体的从事者发挥主观能动性，在实践中具体问题具体分析去解决，但社会却可明确出探索的出发点。这个出发点应是居于科学的前沿，是社会在现实中已经显现出制约社会某个方向上进一步发展的所在。科学探索始终是社会发展的先锋，是引领社会后续发展的关键，为此应根据现实面临的困难所在，集中有限的资源，在重要的方向上，支撑和保障科学探索的开展。同时，社会应努力发现社会中适合于科学探索的人才，把他们放到科学探索的岗位上，支持、鼓励他们不断探索前进，以科学回报社会。科学探索本身就是充满艰辛的实践过程，需要集中一个人甚至一群人毕生的精力，他们必须能够长期忍耐孤寂与苦难的磨砺，主动地开展工作。为此社会要建立适用于科学探索的有效评价与鼓励体制，以保护科学探索的积极性。除了社会有意识地选择的出发点外，对于其他勇于探索的情况也应给予相应的支持与鼓励，并尽可能将其纳入社会良性的发展中。新的科学在设备与技术结合前，看上去可能是纯粹的、柔弱的，但一旦与技术结合起来，就可能爆发出巨大的能量。而技术转化的工作应在技术创新中实现，这个过程与科学探索有较大的差别，从社会的角度上讲应该鼓励将探索的成果及时公之于众，支持社会的技术行业采用新科学，实现自身的发展从而推进社会总体前进。还应该看到，新的科学往往会带来新的思想和新的思维，可能暴露出社会原有的落后阴暗面，为此，社会也要积极适应新科学的到来，把科学的应用引导至利于社会稳定和发展的方向上。

因此，从这种意义上说，社会应将科学探索与知识的转化工作有效区分开来，形成一套有效的支持、鼓励、评价科学探索和利于科学发布传播的体制，有效监督知识转化应用的目的和过程，要通过社会的力量去实现科学的转化应用。

从个人的角度看，不仅应通过学习和实践掌握从事科学探索要求的知识和能力，还应该展示出自己所具备的这样的知识和能力，努力向社会宣传、说明探索的想法和意义，争取社会的理解与支持。同时在可能的条件下，要努力争取社会提供的科学探索的岗位与条件，借助社会的力量达到探索的客观起点。某一项具体而伟大的科学探索往往具有强烈的时代特征，人们更容易看见最好的一两个成功者，但在他们的身后常常还有一大群为之付出艰辛努力的人，没有他们在前面做的大量工作和铺垫甚至牺牲，就没有最后者的成功。在科学探索之初，谁也不知道未知的后面究竟是什么，也更不可能臆测成功后的光环。作为有志于科学探索的个人，应把追求科学作为目的，看重的应是科学探索的过程，而非最终的结果。科学探索是无止境的，每当我们向未知迈进一点时，就会发觉有更多的未知在前面，而探索的成果则是在前进过程中点点滴滴的真实记录和真知灼见。

6.1.2 已知的世界和未知的世界

科学探索一定是面向未知的客观世界，力图去描述客观未知世界的真实现象，把握其运动变化的规律。这样就逐步可以把未知的世界转化为已知的世界。但科学探索也从来都是在现有社会已知的科学和技术基础上而开展的工作。所以说科学探索总是在已知和未知世界的边界上面向未知而展开的工作。前面我们说了科学探索开展的一个重要条件是达到科学的前沿，而这个前沿就是客观的已知世界与未知世界的分界处。对人类社会来讲，客观的已知和未知的界线是明确的，但对具体的个人来讲，要把握住这个界线是比较困难的。

为此当我们遇到未知时，一定要清楚这个未知究竟是自己的未知，还是自己所在群体的未知，抑或是自己所在的社会的未知，只要不是整个人类社会的未知就可通过一定途径去解开它。而科学是全人类的财富，我们应该是立足于寻找合适的途径去学习科学，而不是盲动着探索。其实就是我们平常习以为常的科学也是很多前人甚至是很多代人长期探索的结果，任何科学的获得都是不易的。当遇见未知时，首先要考虑是不是已经有知道、了解的人，是否是在其他的地方已经有关于它的科学，若有则应先去求学，学习相对于探索总是容易的、便捷的；如果确实属于人类社会科学前沿面对的未知，我们才有去探索的必要。

怎样判定我们所见的未知究竟属于什么样的级别呢？显然只从自己知识的角度，这是难以做到的，除非自己可以确认且被社会所认可你是已经站在了这处相应学科的最前沿。一般可以用两种方法，一种是请教相关的专业人士，查找相应的专业知识，确定是否已有类似现象的研究和描述，另一种则可通过观察我们可以接触到的人类技术的产物，若其中已经包含和应用了我们所见的类似现象，则说明前人早已研究、得到科学并已应用于技术中。这实际上也是科学表现的两种形式。前一种是显式，即直接可表示为知识，而第二种为隐式，即以技术应用的方式隐含在人类的技术和技术产品中。显见的科学固然重要，但隐含的也很重要。由于各种客观条件的限制，在接触不到甚至意识不到所见现象的科学时，通过现有的技术和技术产物来看待理解相关的科学，则可提供实例的学习。当然通过实例去学习掌握其中包含的科学，有时也是一件很复杂困难的事，但它始终会为我们树立成功的标杆，使我们有明确的目标，这与探索在难度上还是无法相提并论的。

在把握好已知与未知世界的界线时，还应处理好一般知识和科学的关系。任何知识的产生都是与当时的社会与自然的条件密切相关，是基于当时科学技术条件下人们的愿望的描述，也有很多是对于当时科学的技术尚无法解释而借用别的方式来阐释，等等。也可能对于我们后来所见的未知现象过去的人也有见过，只是不能采取基于科学的解释罢了，其中包含当时真实现象的蛛丝马迹，也可为后来的探索提供参考，如果前人见此现象能提出一些科学的假设和推理，则对后来的探索更为宝贵，但只要不能实证，则不能成为科学。随着人类科学和技术的发展，人类接触未知世界的范围越来越大，真实所见可能是用以前的知识所不可想象的，所以更不能受以前的知识甚至科学所约束。

人类的想象基于现有的知识，人类的思维逻辑和推理根本上还是基于现有的正确认知的范围，因此只通过逻辑和推理得到的知识仍只属于现有的知识。即使处在科学的边界上，也不能盲然用已有的科学推理未知世界，从而认为推出的结果是"新科学"。

任何客观对象，无论是从空间的微观向下，还是从宏观向上，总存在人类还不能完全认识的部分。从时间的维度上看，人类只能基于过去有限的记录和现在观测到的有限现象，从中总结出其在一定条件下的变化规律，从而掌握在给定条件下，规律所表述的时间范围内其未来的一段变化的情况，这就是科学。而人类利用该科学去实现自己的目标时就构成了技术。从时间的变化上看，人类把握的也是局部。只有对未知的不断探索才是人类获得新科学的源泉，而探索获得的真实现象与结论，往往会超越人类现有知识的想象，也会冲击原有思想和传统，从而真正扩大人类的视野，正确引导人类前进的方向。

6.1.3 科学探索的一般过程

经过前面的分析，我们可以将科学探索的一般方法概括为以下几个部分，即到达、观测、思考、验证、应用、完善等几个过程。

（1）到达。

到达是指从知识和能力上具备从事科学探索的条件，在客观的条件下要达到科学探索的始发点。

（2）观测。

观测即是观测未知世界的种种现象，获得相应的观测数据和结果。

（3）思考。

思考即是对观测获得的现象、数据及结果进行处理，由感性认识上升到理性认识，从而发现和掌握其本质特性和变化规律，并将其准确表述出来，形成知识。

（4）验证。

按照上述知识表示的条件，选择或建立相应的验证对象，通过观测，获得相应的数据与结果，将得到的数据及结果与知识表述的现象及结论对比，验证结果的一致性。只有经过反复验证，明确了知识在给定条件下表达的正确性后，才能认定其是科学。

（5）应用。

科学要通过技术的应用才能发挥作用，技术应用可使人加深对科学的理解并细化在科学规定条件内敏感参数的变化对结果与现象的影响，而这些影响与变化可能正是实现技术目标所要求的。

（6）完善。

科学的理论表述总是有限的，其表述的条件往往是在当时的理想情况下的，但将科学应用于技术实际中时，条件会因具体技术的要求而变化，而研究这些变化对科学表述现象及结论的影响，可以丰富和完善科学的内容，同时也可在技术的层面上发现更深层次的问题，促进科学向纵深发展。

6.2　技术创新的方法

人们通过技术实现的新想法、满足的新需求、解决的新问题，或者通过新科学和技术的应用更高效地实现原有目标时，都是技术创新。而技术创新和想象之间的差别在于其可实现性。社会通过技术创新实现更高、更强的能力，从而体现出社会的先进与高效。不同社会的竞争，甚至在同一社会中同类集团的竞争归根结底是技术能力的竞争，技术创新对于社会乃至团体的生存和发展具有根本性的作用，因此探讨技术创新的方法，就不可避免地要讨论到技术的制高点。

6.2.1　技术的制高点

技术的制高点，从广义来讲是指技术与科学的全部边界，代表每项技术的最高能力和水平，是技术的最前沿，是技术创新的最新成果；狭义讲是指体现人类能力的标志性技术的最高水平，如军事能力和全社会的应急动员能力就是这种标志性技术能力的体现。

我们说科学探索的成果是科学，科学表现为人类共有的知识，科学只有尽可能地被传授给大众，通过社会去促进、推广科学在技术中的应用，科学才能发挥出真正的作用。而科学探索的目的是为了获取新的科学，并把科学公之于众，至于怎样应用，则并不是科学探索的任务。如果科学不能被尽可能地公之于众，就不太可能最大限度地发挥它的作用，而未经使用的知识很容易遗失在人类前进的过程中，所以，以保守的态度去对待科学的态度，恰好是科学延续发展中的大敌。在特殊的时期中，当整个社会趋于守旧，容不得新的科学时，探索者为了自保并不公开自己的成果，而只是将其应用于自身能够接触到的一些技术领域中，创造一些技术的奇迹直接服务于社会，这时科学实际上都以隐含的方式存在于这些技术的产物中，但后人若想要重新发现其中的科学仍要花费很大的精力，甚至有些随着探索者和实际应用者的离世，后人难再以明白其中的奥妙，而使之成为技术的绝唱。这是非常可惜的情况，事实上也造成了科学的中断。

科学是技术的基本材料，技术的根本在于实现人与社会的目的，形成相应的技术能力，满足人与社会的具体需要。我们说技术可以体现为知识，但这仅仅是为了技术的传承和推广的方便。技术能力的高低，无论对个人还是群体乃至一个社会、一个国家都至关重要。它是决定个人、集团乃至一个社会、一个国家在发展过程中竞争胜败的关键。为了保持技术能力的领先，占领技术的制高点，一方面要对竞争对手尽量保守技术的秘密，另一方面要通过技术创新保持技术能力的先进性。通过保密维持技术的领先是被动的、暂时性的，长时间处于技术制高点的根本措施还是技术创新。

核裂变是人类科学史上的重大发现，利用核裂变使人类从技术上进入了利用核能的新时代。1934 年意大利著名的物理学家恩利克·费米用中子照射铀，想使铀核可以俘获中子，再经 β 衰变得到原子序数为 93 或更高的超铀元素，引起当时众多的科学家的关注。从 1934 年至 1938 年间，很多科学家做了这种实验，但却得到了不同结果，有人说发现了超铀元素，也有说发现了镭和锕，这期间同为德国柏林威廉皇帝研究所的研究员莉泽·迈特纳和奥多·哈恩也一直在用游离质子轰击铀原子，认为在这个过程中总会有质子黏附在铀原子上，从而形成超铀元素。当用其他元素做类似实验时，莉泽物理方法所表述的现象都会发生，但到用铀做实验时却总是失败，而在当时谁也无法解释其原因。莉泽·迈特纳和奥多·哈恩经过 100 多次实验没有一次成功，这使他们意识到实验中一定发生了原来没有发生的事情，他们需要做新的实验来说明发生了什么。后来奥多·哈恩想到用非放射性的钡作标记，不断探测放射性镭的存在，如果铀衰变为镭，钡就会被探测到。1938 年他们重新开始了实验，但还没等实验完成，为了躲避希特勒纳粹党的迫害，莉泽·迈特纳不得不逃往瑞典。奥多·哈恩只得独自继续他们的实验。奥多·哈恩完成实验后的两周，莉泽·迈特纳收到了他的报告。报告详细记述了他的失败。奥多·哈恩用集束粒子流轰击铀，却连镭也没有得到，只得到了远远多于实验开始前的钡，他迷惑不解，请莉泽·迈特纳解释为什么。而奥多·哈恩一直都是莉泽·迈特纳的助手。据说，一周后，莉泽·迈特纳在初冬的雪地里散步，一个画面从她心中闪过：铀原子被质子轰击后变得不稳定，而将自身撕裂开来，产生了多出来的钡。此后他们又做了实验证明游离质子轰击放射性铀，每个铀原子都分裂成为钡和氪两部分，这个过程还释放出了巨大能量。这就是核裂变的发现过程。

核裂变现象的发现，意味着人类一个新时代的到来，谁能在技术上首先应用成功，谁将占领人类技术的制高点。1939 年 4 月纳粹德国将 6 名原子能物理学家召至柏林，召开秘密会议，决定开始制造能控制、利用铀的装置，同年夏天开始严禁铀的出口，并严格封锁相关新闻。同年 9 月 26 日，德国军备规划局召集海森堡、哈塔克、魏茨泽克等著名科学家成立了铀学会，开始了代号为"U 计划"的原子弹秘密研制计划。1939 年初，丹麦著名的物理学家尼尔斯·玻尔从两位刚从德国逃出的物理学家那里知道了德国已经开始研制原子弹的消息，他立刻前往美国，将这个消息告诉恩利克·费米等科学家。深知核能巨大威力的科学家们为此忧心忡忡，他们知道如果纳粹德国抢先研制出了原子弹，那将对世界意味着什么。以恩利克·费米、利奥·西拉德、爱德华·特勒等为代表的有责任心的科学家奔走呼吁，希望美国也能尽快开展原子弹的研究，但美国军方一时还不能接受这一新生事物。为此，科学家们认为只能直接上书当时的美国总统罗斯福，并一致推举爱因斯坦作为他们的代表。是年 7 月下旬，利奥·西拉德和爱德华·特勒拜访了定居纽约的爱因斯坦。爱因斯坦听明来意后，欣然同意，在恩利克·费米的建议报告上签上了自己的名字，并亲自给罗斯福总统写了一长一短两封信。爱因斯坦的信于 8 月 2 日交到了罗斯福总统的好友兼科学顾问亚历山大·萨克斯博士的手中，托他转交这些意义非凡的信件。但是到 10 月 11 日，亚历山大·萨克斯才有机会见到罗斯福总统。他向罗斯福总统读了爱因斯坦的信件并转递了恩利克·费米等人的建议报告。但罗斯福总统此时已经十分疲惫，约他第二天早晨共进早餐时再谈。萨克斯博士深感责任重大，连夜想到了一个说服罗斯福总统的办法。第二天他与罗斯福总统共进早餐时，向总统讲起了拿破仑因为没有采纳富尔顿所发明的蒸气船，没有建立起先进的海军，最终为英国所败的历史，最后注视罗斯福总统说："英国历史学家柯克顿认为，要是拿破仑有点远见，采纳了富尔顿的建议的话，那历史必将重写。"此后是良久沉默，就在萨克斯博士快绝望时，罗斯福总统开口说话了："我不会成为拿破仑第二。"说着，他在爱因斯坦的来信上写下"此事需要付诸行动"的批示，然后按下传唤铃，叫进总统军事助理埃德温·沃森少将，命令道："马上开始原子弹研制。"这就是后来美国研制原子弹的计划——曼哈顿计划。

曼哈顿计划在美国犹太物理学家罗伯特·奥本海默的领导下，大批物理学家和各类杰出的工程技术人员参与了其中的工作，高峰期的参与人数达 10 万人。当时，美国政府共为曼哈顿计划秘密拨款巨额资金。在 20 世纪 30 年代，德国的科学技术居世界领先地位，在 1942 年以前，德国的核技术领域的水平与美国大致相当，但后来落后了。美国的第一座试验性石墨反应堆在恩利克·费米的领导下，于 1942 年 12 月就达到了临界状态。而德国采用重水堆生产钚 239，由于盟军对其重水工厂的轰炸和德国科学家的消极不合作，加之希特勒过于自信对其重视不够，德国的原子弹计划进展缓慢，直到 1945 年初德国才建成一座不大的临界装置，用于生产浓缩铀，而至战争结束也没有能制造出原子弹。日本也曾想借用德国的技术和重水、铀材料研制原子弹，但由于运载资料、重水及铀材料的潜艇被盟军击沉而作罢。美国无疑在这场占领核技术制高点的竞争中取得了最后胜利。1945 年 8 月 6 日、9 日美国军方不顾参与曼哈顿计划的很多科学家的反对，先后在日本的广岛和长崎投下了两颗原子弹，让世人领略了原子弹的威力，也迫使日本无条件投降，"二战"以包含中国在内的同盟国取得胜利而结束。核武器改变了人类战争的形态甚至决定胜负的方式。随着苏联、英国、法国和中国也先后试验成功了核武器，有效打破了美国的核垄断，世界进入了一个以相互彻底摧毁而无胜者的核阴影下的和平时期，直至今天。

且不说如果是德、日轴心国在这场核技术的竞争中取胜的话，二战结局有被改写的可能，就是后来中国如果不能去打破由美国主导的西方核垄断，很难想象我们会有现在的和平，会有我们改革开放后的发展机遇。

6.2.2 新的需求和目标

个人与社会在前进的道路上不可避免地会遇到新的情况、新的困难和新的挑战，为了适应新的情况、解决新的困难、迎接新的挑战，就必然会有新的需求被提出。如前面所说，并不是所有的需求都能实现，只有现实科学与技术的需求才有实现的可能，而通过不断的技术创新才能实现一个个具体的目标，最终满足新的需求。

我们常说调查市场，实际上就是了解某种产品的具体需求，从而确定我们所发展的新产品的具体方向。但是这里面有这样的问题，如果我们调研发现某项产品已经在市场中有很多的销路，那么说明该产品的技术已经成熟，有着固定的消费或者使用的人群，那么我们试图用类似的新产品投入市场，是不是就一定能取得预期的效果呢？答案可能比较复杂，但从技术的角度来看就相对清晰明了了。首先是我们推出的新产品的技术水平包括消费使用的安全性、可靠性、性价比等与现有产品比有何优势。若无优势，那就只可能利用别人产品遗漏的市场空缺，或可生存一时，但一旦别人的产品不断扩大范围，覆盖了所有遗漏的地方，可想而知我们费尽心力开发出的新产品的命运。即使我们达到了同样的技术水平——同样的安全性、可靠性和性价比，但是任何社会对某一技术产品的消费使用量是有限的，而且流行的时段也是有限的，加之对已有品牌认可的惯性，后来的同样产品在市场中肯定处于非常不利的地位。若试图以技术拷贝的形式去开发新产品，不仅新产品未问世就失去了技术的先机，而且这对于正常的社会来讲还涉嫌侵权，有违社会的公义，从长远看，这种路很难走下去。而调查市场、明确需求，仍要从技术创新的角度开展，才可能有后发的优势，以至青出于蓝而胜于蓝。具体来讲，应对有明确需求的产品，调研支撑其满足该项需求的核心技术，了解需求的范围和下一步可能的变化方向，了解现有产品满足该需求时的优势和劣势，分析新科学和技术的引入对这些优、劣势的影响，分析对需求进一步发展的影响，通过技术创新形成在技术上更领先，功能使用上更可靠、更安全，性价比更高的新产品，这样可发挥出后发的优势，在市场上击败现有的对手。如果能形成对现有产品跨代的优势，新的产品则可占据着同类产品的技术制高点，主导市场后续发展的方向。例如，苹果公司在手机市场上取得的成功就是后发取胜的典型案例。苹果公司原来并未涉足手机市场，但随着手机软、硬件技术的发展，手机网络普及，手机向网络智能手持终端的发展已表现出明显的趋势，各种版本的智能手机已开始推出，并且有良好的市场前景。苹果公司敏锐地认识到了这点，以基于互联网的手持智能通信终端为核心理念，借助于苹果公司在操作系统、互联网技术和基于网络的开放式软件开发和应用等技术方面的优势，在智能手机的人机交互界面、使用的方便可靠性上下足了功夫，使苹果的手机一经推出，立刻吸引住了消费者的眼光，迅速占领了一定的市场份额，打败了一些技术发展相对缓慢的老牌手机制造厂，成为苹果公司的重要的支柱产业。近两年内，国内的一些企业也成功借用了这样的策略，在手机市场上赢得了一席之地，对苹果手机业务形成了一定压力。

利用后发的优势是技术相对落后的国家赶上技术发达国家的重要途

径，但条件是技术落后的国家已具有或者能够获得形成后发优势、支持技术创新的必需的相关技术基础。同时技术先进的国家利用其技术先进甚至垄断的地位，对于一般的产品和技术，以获得高额的利润和击垮技术落后国仅有的同类技术生产能力为目标，强迫其彻底开放市场，而对于事关国家安危和社会稳定持续发展的重要关键技术和产品则会施行严格的限制和禁运，以最大可能地维持其国家技术能力的领先。

技术的学习与提升是一件很困难的事，特别是攸关国家安危、社会稳定持续发展的技术，更不可能轻易引进学习。一方面，国家要踏踏实实的建立相应的技术基础，培养尽可能多的专业技术人才，利用一切可能的机会引进、消化先进的技术。但这些总是有限度的，随着自己技术能力和水平的提升，引进、消化、学习的机会也会越来越难得。所以，另一方面，要始终坚持自主创新，越是发展，越是技术领先，越需要技术创新，即便是引进了先进技术，那也是相对于落后的国家是先进的，而先进的国家对技术的输出总是会有很多的限制，也绝对不会把自己最先进的技术教给别的国家，因此引进的技术只能提供发展的基础，要对其充分地消化和吸收，引入自己所能掌握的其他新科学和新技术，再次创新，实现技术的飞跃，而没必要还按其原有的技术路线因循发展。例如，改革开放之初，我国充分利用当时有利的国际形势，从西方技术先进的国家引进了很多对于当时的我国来讲很先进的技术与设备。这有力地促进了我国的技术发展，但西方当时能给我们的也不可能是他们最先进的技术。虽然当时数字电路已经开始在他们的工业设备上大量应用，但在给我们的很多技术和设备上仍然还使用模拟电路，其中很多元器件已经停产或因种种限制无法购买到。如果我们还死守着模拟电路走下去，即使能费很大劲造出来，也已经落后了，更别说追赶了。为此，在消化引进技术时，我国的科技人员根据我国的国情和当时的有利条件，直接采用数字电路，实现其原模拟电路的全部功能，而且对其还有改进和发展，大大缩短了我们和西方先进国家的技术差距。

有先进的技术在前面，为追赶方提供了需求和目标的标杆，也提供了追赶的目标。而追赶的过程就是通过技术创新实现技术跨越发展。当已达到技术的前沿时，自己便成了别人的目标，所谓"创业难，守业更难"，保持技术的领先比追赶先进技术更难。

个人与社会的需求会随着社会的发展、技术的进步而变化。例如，在 20 世纪六七十年代，家庭普遍将自行车作为其主要需求的情况会促进自行车相关技术和企业的发展，但随着社会经济的发展，汽车成为了家庭的代步工具，而自行车则变化为爱好者健身的工具。显然在这种条件下，自行车技术发展的方向和生产的规模必然会有重大的调整，而汽车工业却迎来了重要的发展机遇。因此，要保持技术的领先，就必须明确需求的变化，借此明确技术的下一步发展的具体目标。技术与需求互为促进，在技术满足一定要求的同时，需求也会促进技术的应用和社会向更高的方向演化。因此，企图固守某种技术往往是徒劳的，而应通过不断的技术创新适应和引领需求的变化和发展，这样才能始终占据技术的制高点，从而占据市场的话语权。

6.2.3　技术创新的一般过程

经过前面的分析，我们可以将技术创新的一般过程概括如下：分析需求，明确目标；引领技术，积累知识；查找问题，明确关键；重点突破，分步实施；构筑体系，实践验证；应用回馈，提高完善。

（1）分析需求，明确目标。

前面对需求、目标和技术创新的关系已经讲了很多，这里只强调在分析需求、明确目标时，不能仅从自己涉及的专业和知识的角度，更不能凭自己的想象来认定需求、确定目标。需求和目标一定要以社会的实际状况和科学与技术的发展为出发点去进行分析，且需求和目标要利于社会的存在、稳定和持续发展，利于丰富人们精神和物质方面的健康生活，利于增强社会的竞争能力和应急能力。

（2）引领技术，积累知识。

确定需求和目标后，应该确认即将开展的技术创新是什么级别的，其他的社会是否已有类似或接近的先进技术，要充分地调研，收集尽可能多的资料，积累相关知识，对创新所处的层次有正确的判定，特别是当自己处在所有同类技术的最前沿时，更应把握创新与现有的差别、创新的理由和可实现性。

（3）查找问题，明确关键。

创新满足的需求和实现的目标是明确的，而且也必须基于现有的科学与技术，要找出创新在以前没有实现的原因所在和在创新中必须解决的关键技术问题。在实现同样目标的条件下，保持创新先进性要求尽可能采用已有的成熟技术，控制从原理上采用新科学的数量，将必须要解决的关键技术控制在尽量少的程度。

（4）重点突破，分步实施。

对关键技术也要分门别类，按其功能组成的顺序要求或者对于系统的轻重缓急，有步骤、有计划地开展关键技术的攻关和验证，只有在所有的关键技术通过验证、成功突破后，才能开展后续工作。

（5）构筑体系，实践验证。

将已突破的关键技术与其他采用的成熟技术构成创新的体系，按照需求确定的使用范围的要求，充分考核其能否满足需求的具体目标要求，能否保证使用的安全性、可靠性，并且还要满足现有的相关标准的要求。这一过程还伴随着对体系构成的改进。

（6）应用回馈，提高完善。

任何技术创新都是有条件的，其体系的验证试验也是有限的，而面对实际的应用情况，还会暴露出一定的不足。同时社会的技术也在发展，会有更新的成熟技术可以更高效地满足系统组成功能的要求并提高系统的效费比。为此，在技术创新的应用过程中，应及时听取应用后的反馈意见，关注新技术的发展，完善技术创新。

6.3　三个边界与能力培养

从知识的角度看，人类的知识有三个边界。居于最外边的是知识的边界，边界以外即是人类的未知。居于知识边界内的是科学的边界，在科学的边界内是人类真正已知的世界。居于最里面的是技术的边界，这是人类凭自己的意志能够掌控的世界，是人类改造自然的能力的体现。

对于一个社会、一个人来讲，其知识的范围也可如此划分，只是对于个人来讲，精力和时间是有限的，只能按照社会分工的原则，选择专业方向形成自己的技术能力，并融于社会的协作劳动中，通过有效劳动创造财富，满足个人和家庭的生活。对于社会来讲，通过技术形成相应的技术能力，是社会赖以存在、稳定和发展的核心力量。技术能力的高低不仅是确定个人在社会中地位与作用的关键因素，同时也是不同社会之间竞争能力的重要体现。不论是对于个人还是社会来讲，学习掌握足以维生的技术、形成技术的能力是首先要解决的问题。对于社会来讲，其技术能力最终是通过个人在社会分工中掌握并使用工具的能力来体现的。而在现代社会中，个人的技术能力的获得更多地依靠社会的教育体制。个人应根据自身的特点，充分利用现有的教育体制，培养适合自己且为社会所需要的专业技术能力。每个存续至今的社会必定在适应其所生存于的客观环境方面有自己独特的技术优势，同时也会利用一切的可能学习、引进或接触其他社会的先进技术。学习、引进和消化先进技术也最终由具体的个人来完成，而个人也应根据自己的专业分工积极争取加入学习、引进和消化先进技术的机会。接触利于自己专业方向发展的先进技术是提升自己技术能力的很有效的途径。

通过不断的学习和实践达到专业技术的边界时，就处在技术的顶峰，可谓"一览众山小"，这时才可能把握社会中该项技术的状态、把握和引领社会对该技术需求的演变、了解与其他可接触社会在该项技术上的差异，同时才更有条件关注其他新科学、新技术的引入对本专业发展的影响，如此才可更好地确定技术创新的目标和要求、推动技术的发展、实现社会在此方面更强的能力，也可能更好地实现自身的发展。

再往外走，进入科学的区间内，如果对于专业来说这个区间存在，则说明专业的学科正确认识能力超前于专业的技术能力，专业技术创新还有潜力；如果技术的边界与科学的边界重合了，则说明专业的科学利用已经非常充分，技术创新则依赖于专业面的扩展，依赖于其他新科学、新技术的引入和应用。不论怎样，本专业的深入发展都取决于专业方向上的科学探索。通过专业技术的应用、创新实现社会更高、更强的专业技术能力始终是专业发展的主要任务。而且还必须关注社会的急需和需求的变化，及时调整技术方向，以更好地发挥专业的作用，得到社会的认可与支持。与此同时，还需要集中少数的精锐，在学科的科学最前沿处努力探索，而从探索中得到的学科新科学是引领学科下一步发展的关键，是学科发展潜力的具体体现。

当我们向外跨过了科学的边界后，就进入了一般知识的领域。对于专业来说，紧贴在科学边界外的是学科基于科学的假想和推测等，再向外是学科发展的愿望、理想等。在科学与知识的边界之间的区域充满着人类发展至今的各种愿望、想象，以及前人在某个时机偶然遇见、后来却没有机会再次验证的现象，等等。它们与学科的交织对学科的发展可能提供意想不到的启发、暗示或者某种思路，特别是对于从事科学探索来说尤为珍贵。

也有可能在某处科学的边界与知识的边界重合了，那说明科学探索的对象是前人从未见过的，甚至是想象不到的，对于人类来讲是全新的世界。如果是在某处技术的边界、科学的边界与知识的边界重合，那说明我们以技术的能力达到了一个人类尚未接触的世界，这将是人类依据技术建立的一个科学探索的新起点。

第 7 章
探索与创新的精神

为了方便讨论科学探索与技术创新的精神，首先应该要了解精神的含义和其特点。

7.1 精神的含义及特点

如同前面讨论的很多概念一样，精神在不同场合、不同学科中也有不同的含义、不同的理解。但我们还是需要从中寻找出符合本书的含义和特点。

精神有多种含义，在中国古代，有时精神是指相对于人的形骸而言的精气、元神，如《吕氏春秋·尽数》中说："圣人察阴阳之宜，辨万物之利，以便生，故精神安乎形，而年寿长焉。"中国先秦时期的哲学认为精气指最细微的物质存在，是生命的来源，也是圣人智慧的来源。《管子·业内》中说："精也者气之精也。"又说："凡物之精，此则为生，下生五谷，上为列星。"而元神则为中国道家修炼时常用到的重要概念，有些类似灵魂的含义。道家认为人可以通过修炼，让元神如婴儿般逐渐成形长大，可以离开肉身出游天地间，即所谓的"元神出窍"，甚至可以独立于肉身而存在，即飞开或者转世等，这也是道家修炼的重要目的。精气和元神的思想也对中国的医学、武术等产生了重要的影响。

精神也有时指人的意识。例如，清代刘大櫆在《见吾轩诗序》中说："文章者，古人之精神所蕴也。"这里的文章与我们前面所讲的知识有同样意义。司马迁在《史记·太史公自序》中说及儒、墨、法、道等家时说："儒者博而寡要，劳而少功，是以其事难尽，然其序君臣父子之礼，列夫妇长幼之别，不可易也。墨者俭而难遵，是以其事不可遍循；然其强本节用，不可废也。法家严而少恩；然其正君上下之分，不可改矣。名家使人俭而善失真；然其正名实，不可不察也。道家使人精神专一，动合无形，赡足万物；其为术也，因阴阳之大顺，采儒墨之善，撮名法之要，与时迁移，应物变化，立俗施事，无所不宜，指约而易操，事少而功多。"意思是：儒家学说广博但却很少抓住要点，花费了气力却很少有功效，其主张难以完全遵守，但它所列君臣父子之礼、夫妇长幼之别却是不可改变的。墨家俭啬难以遵从，其主张也不能完全因循；但它关于强本节用的主张，是不能废弃的。法家主张严刑峻法，却刻薄寡恩，但是它辨正君臣上下名分的主张是不可改的。名家使人受到约束而容易失去真实性；但它辨正名与实的关系，却不能不认真考察。道家使人的精神专一，行动合乎无形的道的要求，使万物丰足；道家根据阴阳家关于四时运行的学说，吸收儒墨两家的长处，撮取名家、法家的精要，随着时势的发展而发展，顺应事物的变化，树立良好风俗，应用于人事，无不适宜，其意旨简约扼要、容易掌握，用力少而功效多。

精神也有指人的精力、体气和活力等。例如，汉文帝时博士韩婴在《韩诗外传》中写道："劳矣箕子！尽其精神，竭其忠爱。"《红楼梦》第五十五回中有"王夫人便觉失了膀臂，一人能有多大精神？"中国魏晋南北朝时由南朝宋刘义庆召集门下食客共同编撰的笔记小说《世说新语》中，刘考标注《晋纪》中写道："伯仁义容弘伟，善于俛仰应答，精神足以荫映数人。"明朝冯梦元的长篇历史小说《东周列国志》中有"（廉颇）乃留唐玖同食，故意在他面前施逞精神，一饭斗米俱尽，啖肉十余斤，狼餐虎咽，吃了一饱，因被赵王所赐之甲，一跃上马，驰骤如飞。"老舍在《骆驼祥子》中有："连大气也不出的夏先生也显得特别精神。精神了两三天，夏先生又不出大气了。"

精神还指神韵、心神、神志等，如宋朝周美成《烛影摇红》："香脸轻匀，黛眉巧画宫妆浅。风流天付与精神，全在娇波转。早是紫心可惯，更那堪，频频顾盼。几回得见，见了还休，争如不见。烛影摇红，夜阑饮散春宵短。当时谁解唱阳关，离恨天涯远。无奈云收雨散，凭栏干，东风泪眼。海棠开后，燕子来时，黄昏庭院。"战国时宋玉的《神女赋》中有"楚襄王与宋玉游于云梦之浦，使玉赋高唐之事。其夜王寝，果梦与神女遇。其状甚丽，王异之。明日以白玉。玉曰：'其梦者何？'王曰：'晡夕之后，精神恍惚，若有所喜，纷纷扰扰，未知何意。……'"

百度百科对精神解释如下："哲学上，精神的定义就内涵方面而言，精神是过去的事、物的记录及此记录的重演。""基本释义：精神，名词。（一）jīng shén 精：定心在中，耳目聪明，四肢坚固，可以为精舍。精也者，气之精也。敬除其舍，精将自来。精想思之，宁念治之。严容畏敬精将至定。（1）指人的意识、思维活动和一般心理状态。（2）宗旨、主要的意义。（二）jīng shen（1）表现出来的活力。（2）活跃，有生气。"

维基百科关于精神的解释为："精神（英文 spirit）又译为灵、魂，它有许多不同的意义，通常意指灵魂、心灵、意识、理论等，是人类生命力的来源，为物质或肉体的反义词。有时候它也会等同于神明或者是鬼魂。日本人最早使用这个词来翻译英语中的'spirit'，后被中国所接受。词源：英语'spirit'源自原始印欧语'（s）peis'。古希腊人将人类的生命力区分为两个层面，一是古希腊语'πνενμα'（pneuma），意思是气、水汽、呼吸。在拉丁语中称为'spiritus'，后来形成英语的'spirit'。这类似于中国所说的'气'。另一个层面，古希腊语'φνχη'（psykhe），在拉丁语中称为'anima'，也就是英语中的'soul'，即是灵魂的意思。类似于中国所说的'神'，或者是'魂'。'φνχη'（psykhe）的动词形态，意思为吹凉，或者是吹，它意指带来生命的呼吸，是人类与动物的生命原则，它相对于古希腊语中的'σωμα'（soma），意译为肉体。在荷马史诗中，古希腊语：φνχη（psykhe）被用来称呼人死后的灵魂。从品达开始，古希腊语 φνχη（psykhe）被用来指称人类中不朽的部分。基督教《创世纪》2：7中，耶和华用地上的尘土造人，将生气吹在鼻孔里，他就成了有灵的活人。圣经启示世人，在上帝将他的生命气息吹入本是尘土的亚当之前，亚当只不过是一具毫无生气的泥土。《使徒行传》17：24-25中，创造宇宙和其中万物的神，既是天地的主，就不住人手所造的殿，也不用人手服事，好像缺少什么，自己倒将生命、气息、万物，赐给万人。"

对精神的解释还有很多，在这里我们就不再列举了。经过对这些释义的分析和总结，并结合课程内容，我们这样来表述精神的含义：精神是人与社会在相应客观环境中的行为所展示的意识活力，精神存在于人与社会的意识活动中，通过其具体行为表现出来。对具体的人和社会活动的具体对象来看，精神是指在意识思维活动中，保证具体对象能顺利进行而必须遵循的共同准则，并在活动的过程中体现出来。

据此，我们可以从下面几个方面来概述精神的特点：精神是我们从事某件事时的意识活动的准则，并且可以通过具体的行动体现出来，以显示出我们当时的干劲和活力。例如，当一个人被强迫做一件事时，就不会展现出一个人积极主动去做同样一件事的精神风貌。精神并不是极度抽象的，而是可以以知识的形式表述出来、可以学习与培养的。正是基于这条，我们才可以宣传社会稳定和发展的某项精神，号召大家去学习，并努力培养这种精神。

7.2　科学探索的精神

根据前节分析，科学探索的精神是指在科学探索的过程中，应遵循的共同意识活动的准则。有关科学探索精神的讨论和相关的文献也很多，不同的学科，不同的人，站的角度不同，出发点不同，对科学探索精神的具体观点也有差别，但有几点是大家最常谈及的，如客观和质疑、勇敢和坚持。在本书中我们也主要讨论这几点最主要的科学探索精神。

7.2.1　客观和质疑的精神

所谓客观就是实事求是的精神，而质疑就是敢于怀疑的精神。很多文章在讨论科学探索精神时是将它们分开来讨论的，但在这里我们将它们放在一起或许更方便。实事求是是开展科学探索的基础。意大利物理学家、数学家、天文学家、哲学家伽利略·伽利莱说过："一切推理都必须从观察与实验中得来。"苏联生理学家、心理学家伊万·彼得罗维奇·巴甫洛夫进一步说道："要学会做科学中的粗活，要研究事实、对比事实和积聚事实。"只有实事求是，我们才能冷静面对探索时遇到的新情况、新现象，才能不受已有知识的制约和限制，有根据地提出质疑，在解决提出的问题的过程中获得新的科学。

量子力学是经历最严格验证的物理学理论之一。至今为止，还没有能找到能够推翻量子力学的实验数据。在现代科学技术中，量子力学可以说无处不在。从激光的工作原理，到二极管、三极管的发明，从原子钟到核磁共振等现代电子技术的发展无一不是以量子力学为基础，同时量子力学又能很好地解释人类观测到的种种神奇的宇宙现象，如解释宇宙微波背景、白矮星、中子星的形成，明确黑洞产生和存在的理论依据，等等。量子力学可以详细描述原子的电子结构与化学性质，解释元素周期表中各元素的排列。量子力学还可以解释在分子里束缚的电子将分子内部的原子捆在一起的原因，形成理论化学的分支量子化学和计算化学。而量子力学诞生发展的过程是有关科学探索的客观与质疑精神的体现。

到 19 世纪末，经典物理学取得了巨大成功，有力支撑了以蒸汽机车为代表的机械化生产的工业革命，同时应用牛顿力学定律成功描述从天体到地面上各种人眼所见的各种尺度物体的力学运动，并在分子运动论方面取得了一定成绩，而且还从力学理论上支撑了电子的发现。牛顿很早就提出了光的粒子性。由于牛顿的权威性，英国物理学家罗伯特·胡克于 1660 年提出的光的波动性并未得到重视。到 1803 年托马斯·杨用衍射实验展现了光的波动性特征，并提出光的颜色是由光的频率所致。到 1864 年麦克斯韦认为光是一种电磁波，这一理论将光的波动性变得更加坚实。但是一进入 20 世纪，经典力学理论在解释一些新的实验时遇到了严重困难，这些主要有黑体辐射、光电效应、氢原子光谱等问题。对于这些问题，经典力学不能给予解释，暴露了经典力学的局限性。在质疑中，科学家不得不去寻找新的物理概念、建立新的理论。这样，量子力学在经典力学的危机中诞生了。1900 年，德国物理学家，量子力学创始人马克斯·普朗克提出辐射量子假说，假定电磁场和物质交换能量以间断的能量子的形式实现，能量子的大小同辐射频率成正比，其比例常数称为普朗克常数，从而得到了表达黑体辐射的能量公式，成功解释了黑体辐射现象。1905 年阿尔伯特·爱因斯坦提出光量子的概念，给出了光量子（光子）的能量、动量与辐射的频率与波长的关系，成功解释了光电感应现象。后来，爱因斯坦又提出固体的振动能量也是量子化的，解释了低温下固体比热的问题。1913 年丹麦物理学家尼尔斯·亨利克·戴维·玻尔在新西兰著名物理学家欧内斯特·卢瑟福的原有核原子模型的基础上建立了原子的量子理论。该理论认为原子中的电子只能在分立的轨道上运动，在轨道上运动的电子既不吸收能量，也不释放能量；原子具有确定的能量，它处于的这种状态叫"定态"；原子只有从一个定态到另一个定态，才能吸、放辐射能量。这个理论虽然有一定成功之处，但仍不能完全解释原子光谱问题。法国物理学家路易·维克多·德布罗意在 1923 年提出物质波，认为一切微观粒子均伴随一个波，被称为"德布罗意波"。微观粒子具有波粒二重性，使得微观粒子所遵循的运动规律不同于宏观物体的运动规律。因而描述微观粒子的量子力学也不同于经典力学。当粒子的大小由微观过渡到宏观时，它遵循的规律由量子力学过渡到经典力学。在量子力学中粒子的状态可用波函数描述，它是空间和时间的复函数，描述粒子波动状态的基本规律就是 1926 年由奥地利物理学家埃尔温·薛定谔建立的薛定谔方程。1927 年德国物理学家维尔纳·卡尔·海森堡提出"测不准关系"，即当微观粒子处在某一状态时，它的力学量一般不具有确定的数值，而是有一系列的可能值，每个可能值以一定的几率出现。当粒子的某一状态确定时，其力学量具有某一可能值的几率也是确定的。同时玻尔提出并协原理，给出了量子力学的进一步解释。后来经英国理论物理学家保罗·狄拉克和维贝纳·卡尔海森堡、奥地利物理学家沃尔夫冈·泡利等的工作，将量子力学与狭义相对论结合产生了相对论量子力学，发展了量子电动力学。20 世纪 30 年代以后，又形成了描述各种粒子场的量化理论，即量子场论，构成了描述基本粒子现象的理论基础。

　　量子力学是 20 世纪人类科学理论的一次重大飞跃，引发了一系列划时代的科学发现和技术创新。量子力学与经典力学和电磁学理论并不矛盾，一般认为在非常大的系统中，量子力学的特征会逐渐退化到经典理论，如经典力学、电磁学理论。量子力学在初期没有与狭义相对论结合，无法描述相对论状态下粒子的产生和消灭，当它与狭义相对论结合后，产生了真正的相对论量子理论——量子场论。它不但可以将观察量量子化，如能量或动量，还可以将媒介相互作用场量子化。量子电动力学是第一个完整的量子场论，可以完整描述电磁相互作用。描述强弱相互作用的量子场论是量子色动力学，它描述组成原子核的粒子，如夸克和胶子等之间的相互作用。弱相互作用与电磁相互作用结合在电弱相互作用中。目前，万有引力还无法用量子力学来描述。广义相对论预言，一个粒子到达黑洞奇点时，它将被压缩到密度无限大的状态；而量子力学则预言，由于粒子的位置无法确定，因而无法达到无限大密度以致逃离黑洞。解决这个矛盾一直是现代物理学的一个重要方向，但由于人类现在还无法直接观测到黑洞，更无法穿越视界看到里面的情况，虽然有多种假设理论如弦理论等的提出，却仍没有找到一个融合广义相对论和量子力学的整体量子力学的新理论。

从量子力学出现到现在，它的各种反直觉的论述和结果引起了强烈的争论，甚至它的一些基本观点，如马克斯·玻恩的概率幅与概率分布的基本定律，也是经过数十年严格的思考与论证才为学术界接受的。美国物理学家理查·费曼曾说过："我认为我可以有把握地说，没人懂得量子力学。"时至今日，哥本哈根诠释仍是物理学家最广为接受的对量子力学的解释。它认为量子力学的概率论不是一种暂时的补丁，而最终将会被一种命定性理论所替代，它必须被视为一种最终抛弃经典因果论思维的结果。在这里，对它的任何形式的良好定义必须将实验设置纳入其中，因为不同的实验状况获得的结果具有互补性。爱因斯坦很不满意这种非命定性的论述，他认为量子力学不具完备性，提出了有名的爱因斯坦—波多斯基—罗森悖论。美国物理学家休·艾费雷特三世提出了多世界诠释，认为量子理论所做出的可能性预言全部会同步实现，这些现实成为彼此之间毫无关联的平行宇宙。英籍美国物理学家戴维·玻姆提出了一种非局域性的隐变量理论，称为"导航波理论"，它的理论预言实验结果与非相对论哥本哈根诠释一样无法区分。至今为止，还不能确定其能否扩展到相对论量子力学上去。

从量子力学的发展过程中，我们可以清楚地看到基于客观观测得到的经典理论所不能解释的现象，提出质疑，建立相应的理论予以解释，并用实验的结果去验证，而且这还将随着研究的深入而发展。

7.2.2 勇敢和坚持的精神

勇敢的精神是指不惧科学探索道路上的重重困难、不惧环境条件的恶劣、不惧流言蜚语甚至打击迫害开展科学探索的精神。而坚持的精神是指对科学探索行为的坚持和对获得的科学的坚持。勇敢和坚持总是相辅相成的，为此我们这里把这两种精神放在一起说。

马克思曾说过："在科学的入口处，正像在地狱的入口处一样，必须提出这样的要求：这里必须杜绝一切犹豫，这里任何怯懦都无济于事。"科学探索面对的是未知，对未知的恐惧是人之常情，回避是人出于正常的自我保护所采取的普遍行为，但科学探索需要克服恐惧、正视未知的世界，正如意大利思想家、自然科学家、哲学家和文学家乔尔丹诺·布鲁诺所说："科学是使人的精神变得勇敢的最好途径。"科学探索的危险不仅来自于探险途中的遭遇，而且也来自科学探索的成果对当时社会中观点的冲击和社会对科学的误解。

乔尔丹诺·布鲁诺也是有名的科学殉道者，他以自己的生命践行了科学探索中勇敢与坚持的精神。乔尔丹诺·布鲁诺于 1548 年出生在意大利那不勒斯附近的诺拉镇的一个军人家庭。但他幼年时父母双亡，家境贫寒，靠神父们收养长大。但他自幼勤奋好学，15 岁成为多米尼修道院的修道士，并获得"乔尔丹诺"的教名，此后他全凭顽强自学，成为了当时享有盛名的知识渊博的学者。当他接触到文艺复兴时期波兰数学家、天文学家尼古拉·哥白尼的《天体运行论》一书后，他的世界观彻底改变了。1576 年乔尔丹诺·布鲁诺为逃避学术上的指控而开始流浪生涯。他到过日内瓦、普鲁士、巴黎和伦敦等地。在这期间他完成了《论无限宇宙及世界》等几本著作。乔尔丹诺·布鲁诺的专业不是天文学和数学，但他却大大丰富和发展了尼古拉·哥白尼的学说。他在《论无限宇宙及世界》这本书中明确提出了"宇宙无限，宇宙是统一的、物质的"的思想，认为太阳系以外还有无以计数的天体，人类所看到的仅是宇宙中很小的部分，地球也只是宇宙中的一粒小小的尘埃。他还进一步指出：千千万万颗恒星如同太阳那样炽热而巨大，它们的周围也可以有地球一样的行星，行星周围也还有如月球一样的卫星；生命不仅在地球上有，也可能存在那些人们看不到的遥远行星上。1583 年，乔尔丹诺·布鲁诺又来到英国，批判经院哲学和神学，他反对亚里士多德和托勒密的地心说，宣传尼古拉·哥白尼的学说，甚至进一步说太阳也只是宇宙中平凡一员，并不是宇宙的中心。1585 年他又到德国反对宗教哲学，进一步引起罗马教廷的恐惧与仇恨。此后他又到欧洲各地出版他的著作、宣传他的思想。

乔尔丹诺·布鲁诺的思想将束缚人们思想长达 2000 年的地心说击得粉碎，也使同时代的人感到惊愕与茫然，甚至同时代的德国天文学家、数学家约翰尼斯·开普勒也难以接受，说他在阅读乔尔丹诺·布鲁诺的著作时感到阵阵头晕。乔尔丹诺·布鲁诺在天主教会的眼中已经成了十恶不赦的敌人，他们收买乔尔丹诺·布鲁诺的朋友，诱骗他回国，并于 1592 年 5 月 23 日逮捕了他，把他囚禁在罗马宗教裁判所的监狱中。介于乔尔丹诺·布鲁诺是一位著名的学者，罗马天主教企图让他当众悔悟，以维持教会的统治威信。但经过长达 8 年的恐吓、威胁和利诱，乔尔丹诺·布鲁诺始终坚持自己的信念，最后天主教会绝望了，建议当局将他烧死。在宣判时，他对法庭说："你们宣读判决时的恐惧心理，比我走向火堆还要大得多。"1600 年 2 月 17 日，乔尔丹诺·布鲁诺被绑在了罗马鲜花广场上英勇就义。他死后，罗马教廷害怕人们抢走这位伟人的骨灰来纪念他，匆忙将他的骨灰连同泥土收集起来，抛撒在台伯河中。1889 年 6 月 9 日在乔尔丹诺·布鲁诺殉难的鲜花广场上，人们树立了他的一尊铜像，永远纪念他的勇敢和坚持。

任何人都有时代的局限，不能以今天我们所了解掌握的科学去要求古人，对乔尔丹诺·布鲁诺也是这样，我们要从他所处的时代、他的观点和对时代进步所发挥的作用来看待这个问题。日心说和宇宙无限论在当时是一套石破天惊的学说，它们的提出标志着人类探索宇宙奥秘的活动进入了一个重要阶段，是对后人继续探索的激励。而近些年来，有人以 20 世纪 60 年代重新发现的听乔尔丹诺·布鲁诺讲演的笔记，以及宗教裁判所公布的审讯材料为据，称要重新认识乔尔丹诺·布鲁诺牺牲的原因。他们不去看日心学说和宇宙无限论在当时打破宗教对思想的禁锢的伟大积极意义，而试图因乔尔丹尼·布鲁诺曾从古代的文明，如古希腊、古埃及文明，甚至一些古代的法术中寻求日心说的证据，而说他是从一种巫术甚至异教的角度来看待很多问题，这是有失公允的。因此，我们仍然以科学探索的勇敢与坚持的精神来看待。

　　同时期坚信尼古拉·哥白尼的学说、坚持科学探索的还有一位科学巨匠——意大利物理学家、数学家、天文学家和哲学家伽利略·伽利莱。他不仅支持日心说，还用实验证明受到引力的物体并不是匀速运动，而是匀加速运动，并证明物体只要不受外力作用就会保持其原来的静止或匀速直线运动状态，为牛顿力学的理论体系的建立奠定了基础。1609 年 8 月 21 日，他展示了第一台按科学原理制成的望远镜，标志着一个新的天文观测时代的到来。伽利略被誉为"现代观测之父""现代物理学之父"和"现代科学之父"。伽利略的研究和乔尔丹诺·布鲁诺一样，激起了教廷的不满。1615 年教士集团和教会中不满伽利略的人联合起来攻击他为哥白尼日心说辩护的论点。他闻讯后，三次去罗马，力图挽回声誉，让自己不因日心说受罚，并可继续宣传日心说。教会没有惩罚他，但却禁止他宣传日心说，下达了有名的"1616 年禁令"。1624 年他的故友担任新教皇，他又第四次去罗马，希望新教皇能同意日心说，但是没有结果，新教皇仍坚持"1616 年禁令"。这期间他还研制成功了显微镜。此后 6 年，他撰写了《关于托勒密和哥白尼的两大世界体系的对话》（简称《对话》）一书，并于 1632 年出版。此书表面中立，却实际为哥白尼体系辩护，并多处暗含对教皇和主教的嘲讽。全书笔调诙谐，也是意大利文学史上的名著。《对话》出版 6 个月后，教廷以违反"1616 年禁令"为由，发出了伽利略到罗马宗教裁判所受审的指令。此时已年近七旬且体弱多病的伽利略到罗马受审。几次审讯并不容伽利略作任何辩护，于 1633 年 6 月 22 日在罗马圣玛丽亚修女院大厅宣判，判决的主要罪名是违反"1616 年禁令"。伽利略被迫跪在冷冰的石板地上，在教廷已写好的"悔过书"上签字，并被判处终生监禁，《对话》一书被责令焚绝，并禁止出版或重印他的任何著作。后来教廷又将对他的监禁改为在家软禁，直到 1642 年 1 月 8 日病逝。但科学的前进步伐始终是阻挡不了的，罗马教廷不得不在 1757 年宣布解除对尼古拉·哥白尼的《天体运行论》一书的禁令，1882 年罗马教皇承认了日心说。1979 年 11 月 10 日，梵蒂冈教皇 J. 保罗二世代表罗马教廷给伽利略平反昭雪，认为教廷在 300 多年前的迫害是严重错误的。

爱因斯坦曾这样评价："伽利略的发现，以及他所用的科学推理方法，是人类思想史上最伟大的成就之一，而且标志着物理学的真正开端。"为了纪念伽利略的功绩，人们把木星的卫星命名为"伽利略卫星"。

7.3　技术创新的精神

技术创新的精神是技术创新活动中应遵循的共同意识活动的准则，并在技术创新活动中表现出来。关于创新精神的论述很多，而且不同的学科、不同的人站在不同的立场上也有不同的理解。这里我们只集中讨论平常大家谈得最多的精神，如创新与务实的精神、严谨与协作的精神。

7.3.1　创新和务实的精神

创新的精神是指在技术创新的过程中不受已有的思想和事物所限而善于创造新事物的精神。创新精神的着眼点仍是如何实现新的需求，或者是更高效、更安全、更可靠、更环保地实现已有的需求，而不是为了创新而创新。任何创新都有强烈的目的性，而创新的最难点在于把握住创新的正确目标、把握住创新基于现实科学和技术的可实现性，而且还必须证明这种可行性相对于现有的技术的先进性、高效性、安全性、可靠性和环保性等。因此创新绝不是天马行空的任意想象，也不是仅仅凭着个人或者社会的美好愿望就可以的，而必须与务实的精神相结合。如果说创新是一匹奔腾的骏马，务实就是套在骏马上的缰绳。

创新的精神和务实的精神体现在技术创新实践的各个层面。在确定目标的层面。创新的目标是根据具体客观的需求确定的。而新的需求主要可有两个方面：一是新的科学和技术的产生可以使之实现的新需求，也就是技术推动的作用；二是社会发展过程中为了适应新情况、解决新问题、迎接新挑战而提出的新的需求，即需求牵引。例如，蒸汽机的出现和改良解决了以机械化为标志的工业化大生产的原动机的问题，直接引起了 18 世纪的第一次工业革命，使人类进入了蒸汽机时代。而当时的中国仍处在以小农经济为主导的封建社会，没有伴随人类工业革命的步伐进入新时代，技术的落后最后导致国力衰弱，挨打受辱就是必然的。20 世纪 80 年代，美国军方根据对美国空军在 21 世纪初作战要求的分析，提出了以隐身、超机动、超音速巡航和超高效空战电子设备即"4S"为特征的第 4 代战斗机研制需求，然后委托诺斯洛普与麦克唐纳—道格公司、洛克希德、波音和通用动力公司等研制第 4 代战斗机，这就是需求牵引技术创新发展的实例。

不论是以哪种方式提出的新需求，都必须考虑到社会应用中实际的状态和真实的效果，否则创新的开展和应用推广都会遇到很大问题。例如，在 1854—1855 年的克里米亚战争中，庞大的俄国黑海舰队或被英法战舰击沉，或者自凿沉于塞瓦斯托波尔港，全军覆没。到了 19 世纪 60 年代，为了应对普鲁士兴起事带来的挑战，在英国的默许下，俄国又开始了大规模的海军建设，重新组建黑海舰队，但是由于黑海北岸海水很浅，吃水 4 米以上的大型军舰根本无法进入第聂伯河口和刻赤海峡，所以在 19 世纪 70 年代初，俄国几乎没有军舰在这些海域防守。在这种情况下，敌人用轻型舰艇很容易从这些地方登陆攻击，若再与当时的地区和国际环境相配合，后果不堪设想。于是俄国海军提出吃水浅、装载武器多、作战威力大的大型军舰的建造需求，明确提出吃水不大于 3.5 ~ 4.2m、主炮口径不小于 260 毫米、装甲厚度比当时外国军舰厚的要求。面对这样的要求，俄国造船专家都不敢承担这一任务，认为吃水浅与大吨位本身是矛盾的，按当时的造船理论，在如此浅的吃水条件下，要搭载如此大威力的武器、具备厚重的装甲是不可能的。但是，非科班出身的海军中将波波夫提出了一个大胆创新的构想：将军舰设计为圆形，可以在吃水最浅、尺寸最小的情况下，获得最大吨位，从而搭载和大型战舰同等的武器。经过讨论，俄海军采用了波波夫的方案。方案一经推出，立刻引起很大争议，但俄海军仍排除争议，于 1871 年开始建造第一艘圆形战舰，1873 年 5 月 21 日竣工，命名为"诺夫哥罗德"号，于 1874 年开始正式服役。这艘战舰的上装甲厚 70 毫米，水线装甲厚 228.6 毫米，位于船体中央的主炮塔上安装有两门 11 英寸火炮，可发射 250 千克重的弹丸，另外还配有 80 毫米和 37 毫米火炮各两门，还装有 12 条撞杆鱼雷。该舰船体直径 30.78 米，吃水 3.67 米，标准排水量 2491 吨，最大排水量 2671 吨，完全满足军方要求。1871 年 11 月俄海军又决定造第二条圆形战舰，原来命名为"基辅"号，但为了表彰波波夫的功绩，后改为"波波夫"号。"波波夫"号较"诺夫哥罗德"号更大，火力更强。但在使用中，由于舰底圆平，只要海浪高过1米便开始上下颠簸，左右摇晃，影响射击精度，有"狂醉之船"的绰号。同时圆形军舰的航行稳定性差，不易操控，不仅不适合在海上航行，即使在河水中行驶，逆流时还凑合，顺流时则难以控制。"诺夫哥罗德"号曾有过以3海里（1海里＝1852米）的时速在第聂伯河中被冲得滴溜溜转的记录。两舰服役后暴露的缺点日益明显，是俄海军有名的"鸡肋"，但由于其是按俄海军的要求建造的，出于维护海军尊严的需要仍坚持让它们服役，但后续建造计划全部停止。直到1911年12月退役后出售解体，两舰从没参加过任何一场海战。此后就再没有圆形的战舰出现了。在技术创新史上，这样原定目标与目标实现落差很大的不成功实例还有很多，但这些失败也为技术的进步提供了反面的实例，提供了经验和教训。对于创新的具体实施者来讲，要通过务实的精神，严格考查目标，尽可能避免这种事的发生，而且在实施过程中要尽早发现问题，及时改正甚至中止，以避免造成重大损失。

从实现目标的具体技术层次看，要纵向和横向比较。纵向目标所代表或应用的技术应居于社会技术的前沿，要从纵向向上看在此技术领域内其他社会是否有更先进的，差距何在，还要向下比相对于本社会而言该技术的优势、先进性体现在什么地方。同时还要横向比较该技术是否具有不可替代性。例如，马车曾作为陆上交通的重要工具，马车技术对于那个时代的社会具有重要的意义，但现在马车已为汽车和火车等陆上交通工具所替代，如果还要去做马车技术的创新，其实际意义就很值得商榷。创新与务实的精神要求在确定创新目标时，一定要立足于社会的技术前沿，通过纵、横向对比确定出最符合实际的目标，从而最大可能地减小技术创新的风险。

当技术创新的目标和采用的具体技术确定后，创新与务实的精神也贯穿在技术创新的具体实施过程中。现代技术都极为复杂，在实现同一目标时，往往会有不同的途径。为了实现先进的目标而必须开展的创新才有意义。在实现同样目标的条件下，应尽量采取成熟技术，尽量采用最简捷明了的原理和结构，尽量限制创新技术的采用数量。如果系统太复杂、新技术过多，不仅会导致系统成本昂贵、研制时间拖长，甚至还会由于新技术的制约或费用过高而导致系统研制的失败。

这正如前面所讲的美国第 4 代战斗机的研制。1985 年美国空军提出要求后，交由美国各大飞机厂商提出设计草案。1986 年，美国空军宣布将挑选最有潜力的两种设计在展示/验证阶段进行为期 48 个月的原型机设计与试飞项目。同年 7 月美国空军选出了洛克希德与诺斯诺普两家进入下一阶段的竞争，并且建议落败的三家与获胜的两家组成设计团队，共同参与竞争研发工作。后来，诺斯诺普选择麦克唐纳—道格拉斯组成一个团队，而洛克希德、波音和通用动力组成另一团队。诺斯诺普团队的验证机为 YF - 23，而洛克希德团队的验证机为 YF - 22。YF - 23 第一架原型机于 1990 年 6 月 23 日出厂，8 月 27 日第一次试飞，9 月 18 日第 5 次试飞时，在不使用后燃器的条件下实现了 1.43 马赫的超音速巡航。YF - 22 第一架则是当年 8 月 29 日出厂，9 月 29 日第一次试飞，11 月 3 日实现 1.58 马赫超音速巡航。所有的测试于 1990 年 12 月结束，经过 90 天的评估后，美国空军司令部最后确定 YF - 22 夺标，进入下一阶段发展计划。而 YF - 23 失败的原因，以及 YF - 22 和 YF - 23 的具体试验情况现在仍未公开。从外形上看，YF - 23 更前卫一些，YF - 22 更接近于常规布局。从已公布的部分试飞情况看，两者性能大体相当，各有所长，差距并不大。因此外界普遍认为最后决定的关键不是性能方面的比较。综合各种猜测，可能有以下几个方面的因素：诺斯诺普在 B - 2 轰炸机研发案上出现过不少预算超支和进度落后的情况；美国空军对 1990 年左右诺斯诺普对沉默彩虹导弹的研发不是很满意；并且美国空军对于洛克希德在研制和生产 F - 117 时所展示的计划管理与执行力相当满意，YF - 22 团队中有对大型飞机很有经验的波音公司参加。竞争的失败对诺斯诺普和麦克唐纳—道格拉斯两家公司产生了巨大影响——前者与格鲁门公司合并，后者并入了波音公司；YF - 23 的研制也全面停止了。当然还有人认为从实际表现来看，YF - 23 略胜 YF - 22。但由于 YF - 23 采用的新技术明显多于 YF - 22，成本也比 YF - 22 高 30% ~ 50%；特别是 YF - 23 的非常规布局让美国空军觉得风险较高；另外 YF - 23 过分强调隐身性，牺牲了部分机动性，在机动性上略低于 YF - 22。当然可能还有其他因素的影响。

7.3.2 严谨和协作的精神

技术的成功往往取决于细节，一个细节的失误往往会导致一个技术系统的失败。不光是技术创新如此，其他工作也是如此。1930 年 4 月，阎锡山和冯玉祥结成了反对蒋介石的联盟，发动旨在讨伐蒋介石的中原大战。按原定作战布署，两军应在豫、晋交界处的沁阳会师，以求一举歼灭驻河南的蒋军。但是冯玉祥的参谋在拟订命令时，误将"沁阳"写成了"泌阳"，正巧河南南部也有"泌阳"一地，与沁阳仅百里之遥。结果冯玉祥的部队开到了"泌阳"，贻误了战机，使他与阎锡山的联军陷入被动，导致作战失败。后来这场战争又被称为"一撇的战争"。

1986 年 1 月 28 日，在距美国卡纳维拉尔角航天飞机发射台 6.4 千米的地方，聚集了千余名观众，其中有 19 名中学生的代表，他们来欢送他们的老师麦考利夫与其他 6 名机组人员乘坐"挑战者"号航天飞机飞向太空。麦考利夫是从全美 11000 名老师中被精心挑选出来的，准备在太空中给全美的中学生讲授两个小时的太空和宇航科普课，并回答学生的提问。航天飞机按时升空，起初的 50 秒内一切如常，看台上的人们已经开始欢呼了。就在这时，地面上有人发现了航天飞机右侧的固体推进器冒出了一丝白烟，便谁也没在意，此后似乎一切正常，但到 73 秒时，在 16600 米高处，航天飞机突然闪出一团亮光，外挂燃料箱爆炸，航天飞机瞬间变为一团大火，两枚失控的固体推进火箭呈 V 字形喷着火飞向人口稠密的地面。航天飞机中心负责安全的军官比林格眼疾手快，在 100 秒时按动了自爆按钮，将两枚固体助推火箭引爆。"挑战者"号航天飞机失事了，碎片在距发射场东南 30 千米的地方散落了 1 小时之久，7 名机组人员全部遇难，全世界为之震惊。

调查这一事故的总统委员会报告，爆炸是由一个密封环的失效所至。这个密封环位于航天飞机右侧固体火箭推进器的两个底层部件间。失效的密封环使炽热的气体点燃了外部燃料罐中的燃料而引起了爆炸。失效可能是因为当时的气温很低。虽然事前曾有工程师提出警告，但由于这次"挑战者"号航天飞机的发射已经被推迟了 5 次了，所以警告未引起重视。一个密封环相对于价值两亿多美元的航天飞机来讲，是一个不论在技术含量上，还是在体积、重量、价值上都十分不起眼的小零件，但就是这样小的零件的失效导致了灾难的发生。一个技术的成功取决于每个细节的成功，只有严谨的精神才能确保所有细节的成功，从而保证系统的正常运作。前面我们说在技术创新实践中，总要尽可能地针对其要求的使用环境和条件，开展尽可能多的试验验证工作，就是为了检验每个细节的成功以支持系统的成功。

前面已经讲了，现代技术创新往往涉及众多的专业，其覆盖的专业面很广，远远超出个人的能力范围，需要不同专业的人员组成有效的团队并分工协作才能完成技术创新的任务。所以在严谨的同时必须发扬协作的精神。

协作精神应分为两个方面，一是在团体内部，一是在团体外部。在团体内部应形成一个专业分工明确、责任清晰、团结互助的团队。协作精神是创新团队凝聚力和创新能力的象征，只有发挥团队中每个专业方向负责人员的积极性和主动性，让他们依据创新的需求和目的站在本专业的前沿，构思完成自己承担的任务，并且主动积极地与其他相关专业部门沟通与对接，整个创新才能达到较高的水平。对外来讲则应根据实施的方案和步骤要求创新所采用的社会现有成熟技术的协作关系，而且这些成熟技术也应尽量代表社会所能获取的最先进的技术。而严谨则体现在每个成员分工负责的工作及其他相关组成的每一个关联、每一个接口的细致和准确。

同时在技术创新的实践过程中，往往不会是一帆风顺，总会遇到各种困难和挑战，会发现事先不曾预料到的状况，这时候也需要团队内的严谨与协作、团队外的密切配合，这样才有可能准确查出原因所在，及时改进与完善，从而推动创新工作。

创新实践的过程会涉及大量的试验验证工作，也只有发扬严谨与协作的精神，才能为试验做好细致的准备，避免意外危险事故的发生，确保试验的有效性。

后　记

　　经过四个多月的艰苦努力，在家人、同事和同学们的支持帮助下，在新学期开课前，这部书的初稿的撰写工作终于完成了。首先衷心感谢南京理工大学教务处和机械学院的领导和老师对这门课的关心、支持和帮助！同时也向关心、支持、帮助初稿完成，查阅、提供参考资料的同事和同学们表示衷心的感谢！在本书成稿过程中，方园园女士承担了文字输入、初校的工作，戴京昭同学也参与了本书教学用多媒体编辑和修改工作，研究生马威同学校对了第 1 章，刘志桐同学校对了第 2 章，梅雄三同学校对了第 3 章，段一品同学校对了第 4 章，易智同学校对了第 5 章，闵杰同学校对了第 6 章，李慧水同学校对了第 7 章，各位同学同时承担了所校章节参考文献的整理工作，在此表示衷心感谢！同时也感谢研究生黄顺斌、陈伟、李慧水、开亚骏、廖瑞珍等同学担任了课程教学助理并配合教学做了大量工作。

　　本书是根据课程教学的需要，结合作者科研工作的体会，在查阅大量文献资料的基础上撰写完成的。受作者经历、水平、查阅文献以及研究时间和条件的限制，书中尚有值得商榷甚至错误的地方，恳请读者给予批评和指正，以便在后续教案中进行修正、完善。

戴劲松

二〇一五年五月五日

参考文献

[1] 佐々木力. 科学论入门. 东京:岩波书店,1996.

[2] 康有为. 日本书目志[M]. 上海:上海大同译书局,1897.

[3] 宋刚,唐蔷,陈锐,等. 聚焦国外创新型国家[N]. 科技日报,2006 - 01 - 08(6).

[4] 鲁滨孙,斯特恩. 企业创新力[M]. 北京:新华出版社,2005.

[5] 许慎. 说文解字[M]. 北京:中华书局,1977.

[6] 庄子. 庄子[M]. 刘英,刘旭,注译. 北京:中国社会科学出版社,2004.

[7] 墨子. 墨子[M]. 徐翠兰,王涛,译注. 太原:山西古籍出版社,2003.

[8] 龙树菩萨造. 大智度论[M]. 姚秦三藏法师鸠摩罗什,译. 台北:财团法人佛陀教育基金
会,2006.

[9] 颜之推. 颜氏家训[M]. 易孟醇,夏光弘,注译. 长沙:岳麓书社,1999.

[10] 周一良,等. 敦煌变文集[M]. 北京:人民文学出版社,1984.

[11] 余英时. 中国思想传统的现代诠释[M]. 南京:江苏人民出版社,1998.

[12] 肖惠心. 智慧禅[M]. 北京:中国民航出版社,2004.

[13] 刘慧韬. 智慧庄子[M]. 南京:凤凰出版社,2006.

[14] 田运. 智慧与思维[M]. 北京:宇航出版社,1989.

[15] 余心言. 文明絮语[M]. 太原:山西人民出版社,1982.

[16] 汝信,陈启能,姜芃. 世界文明通论[M]. 福州:福建教育出版社,2010.

[17] 邓蜀生. 影响世界的100本书[M]. 南宁:广西人民出版社,1995.

[18] 邓蜀生. 影响世界的100个人物[M]. 南宁:广西人民出版社,1995.

[19] 吕乃基. 科技知识论[M]. 南京:东南大学出版社,2009.

[20] 赵勇,白永秀. 知识溢出:一个文献综述[J]. 经济研究,2009,(1):114 - 156.

[21] 严成樑,周铭山,龚六堂. 知识生产、创新与研发投资回报[J]. 经济学(季刊),2010,(3):
1051 - 1070.

[22] 吴灿新. 人类大文明略论[J]. 佛山科学技术学院报,2012,(2):10 - 16.

[23] 毛志成. 小文明与大文明的识辨[J]. 文学自由谈,2012,(1):33 - 38.

[24] 郭明俊. 哲学的智慧与智慧的哲学[J]. 学术研究,2008,(10):31 – 37.

[25] 中国社会科学院语言研究所词典编辑室. 现代汉语词典(2002 年增补本)[M]. 北京:商务印书馆,2002.

[26] 辞海编辑委员会. 辞海[M]. 上海:上海辞书出版社,1980.

[27] 姜振寰. 科学技术哲学[M]. 北京:人民出版社,2001.

[28] 陆彦文,张喜云. 话说前沿科学[M]. 长沙:国防科技大学出版社,1991.

[29] 世界知识产权组织. 供发展中国家使用的许可证贸易手册[R]. 日内瓦,1977.

[30] 冯国超. 山海经[M]. 北京:商务出版社,2009.

[31] 王充. 论衡[M]. 上海;上海人民出版社,1974.

[32] 许仲琳. 封神演义[M]. 北京:人民出版社,1973.

[33] 张华. 博物志校正[M]. 北京:北京书局出版,1980.

[34] 夸美纽斯. 大教学论[M]. 北京:人民教育出版社,1979.

[35] 吴敬梓. 儒林外史[M]. 北京:人民文学出版社;1977.

[36] 子思原. 中庸[M]. 北京:中央编译出版社,2011.

[37] 朱熹. 四书章句集注[M]. 北京:中华书局,1983.

[38] 李约瑟. 中国科学技术史[M]. 北京:科学出版社,2011.

[39] 张玉祥. 古代世界七大奇迹[M]. 北京:商务印书馆,1982.

[40] 孙武. 孙子兵法[M]. 郑州:中州古籍出版社,2004.

[41] 曹操. 曹操集[M]. 北京:中华书局,2012.

[42] 司马迁. 史记[M]. 郑州:中州古籍出版社,1991.

[43] 斯塔夫里阿诺斯. 全球通史[M]. 上海:上海科学院出版社,1988.

[44] 丁长青. 科学技术学[M]. 南京:江苏科学技术出版社,2003.

[45] 李达顺. 现代科学技术概论[M]. 南昌:江西科学技术出版社,1986.

[46] 林振武. 中国传统科学方法探究[M]. 北京:科学出版社,2009.

[47] 王德利,杨允菲. 进化生物学导论[M]. 北京:高等教育出版社,2009.

[48] 宋思扬,罗大民. 生命科学导论[M]. 北京:高等教育出版社,2011.

[49] 诺查丹玛斯. 诸世纪:诺查丹玛斯大预言[M]. 北京:企业管理出版社,2008.

[50] 余翔林. 科学的未来[M]. 北京:科学出版社,2002.

[51] 宋立军,元文玮. 科学探索之路[M]. 北京:新华出版社,1981.

[52] 曾易学. 惊世预言:这些预言会不会是真的[M]. 北京:中国城市出版社,2010.

[53] 余振苏,倪志勇. 人体复杂系统科学探索[M]. 北京:科学出版社,2012.

[54] 程志敏. 荷马史诗导读[M]. 上海:华东师范大学出版社,2007.

[55] 王帮俊. 技术创新扩散的动力机制研究[M]. 北京:中国经济出版社,2011.

[56] 傅家骥. 技术创新学[M]. 北京:清华大学出版社,1998.

[57] 王志艳. 科学探索[M]. 呼和浩特:内蒙古人民出版社,2007.

[58] 张翰如. 科学探索中的思维 作风 方法 [M]. 天津:天津人民出版社,1984.

［59］陆延卫,等.科学的探索［M］.上海:上海科学技术出版社,1980.

［60］刘瑞泽.科学探索逻辑［M］.北京:西苑出版社,2012.

［61］梁庆寅.真理——科学探索的目标［M］.杭州:浙江科学技术出版社,1994.

［62］关崇明,吴明泰.科学探索与方法［M］.沈阳:辽宁人民出版社,1987.

［63］关士续.技术与创新研究［M］.北京:中国科学社会出版社,2005.

［64］吕不韦.吕氏春秋［M］.长春:时代文艺出版社,2000.

［65］池万兴.《管子》研究［M］.北京:高等教育出版社,2004.

［66］刘大櫆.刘大櫆集［M］.上海:上海古籍出版社,1990.

［67］司马迁.史记［M］.北京:中华书局,1973.

［68］韩婴.韩诗外传集释［M］.许维遹,注译.北京:中华书局,1980.

［69］曹雪芹,高鹗.红楼梦［M］.2版.北京:人民日报出版社,2007.

［70］朱碧莲,沈海波.世说新语［M］.北京:中华书局,2011.

［71］Sawyer R Keith. Explaining Creativity:The Science of Human Innovation［M］. Oxford University Press,2012.

［72］Fitzgerald Eugene,et al. Inside Real Innovation［M］. World Scientific Publishing Company,2011.

［73］Levesley Mark,Johnson Penny. Exploring Science:How Science Works［M］. Longman,2008.

［74］布莱恩·阿瑟.技术的本质:技术是什么,它是如何进化的［M］.杭州:浙江人民出版社,2014.

［75］阿伦·拉奥.硅谷百年史:伟大的科技创新与创业历程［M］.北京:人民邮电出版社,2014.

［76］路甬祥.创新的启示:关于百年科技创新的若干思考［M］.北京:中国科学技术出版社,2013.

［77］Fara Patricia. Science:a four thousand year history［M］. Oxford University Press,2009.

［78］Feyerabend Paul. Against Method［M］. 3rd ed. Verso,1993.

［79］Feynman R P. The Pleasure of Finding Things Out:The Best Short Works of Richard P. Feynman［M］. Perseus Books Group,1999.

［80］Needham Joseph. Science and Civilisation in China（Ⅰ）:Introductory Orientations［M］. Cambridge University Press,1954.

［81］Nola Robert,Irzik Gürol. Philosophy,science,education and culture［M］. Springer,2005.

［82］Papineau David. Science,Problems of the philosophy of science［M］. Oxford University Press,2005.

［83］Parkin D. Simultaneity and Sequencing in the Oracular Speech of Kenyan Diviners［M］. Indiana University Press,1991.

［84］Polanyi Michael. Personal Knowledge:Towards a Post – Critical Philosophy［M］. University of Chicago Press,1958.

［85］Popper. Karl Raimund. In search of a better world:lectures and essays from thirty years［M］. Routledge,1996.

［86］ Guston David H. Between politics and science：Assuring the integrity and productivity of research ［M］. Cambridge University Press,2000.

［87］ Wade Nicholas. Early Voices：The Leap to Language［EB/OL］. The New York Times,2003 – 07 – 15 ［2008 – 05 – 17］.

［88］ Human Ancestors Hall：Homo sapiens. Smithsonian Institution. ［2007 – 12 – 08］.

［89］ Ancient'tool factory'uncovered［EB/OL］. BBC News,1999 – 05 – 06 ［2007 – 02 – 18］.

［90］ Heinzelin Jean de,Clark J D,White T,et al. Environment and Behavior of 2. 5 – Million – Year – Old Bouri Hominids［J］. Science,1999,284 (5414)：625 – 629.

［91］ Crump Thomas. A Brief History of Science［M］. Constable & Robinson,2001.

［92］ Kragh Helge. Quantum Generations：A History of Physics in the Twentieth Century［M］. 2nd ed. Princeton University Press,2002.

［93］ Pais Abraham. Subtle is the Lord：The Science and the Life of Albert Einstein［M］. Oxford University Press,1982.

［94］ Halliday David,Resnick Robert,Walker Jearl. Fundamental of Physics［M］. 7th ed. John Wiley & Sons,2005.

［95］ Lakhtakia Akhlesh,Salpeter Edwin E. Models and Modelers of Hydrogen［J］. American Journal of Physics,1996,65(9)：933.

［96］ 理查·费曼,罗伯·雷顿,马修·山德士. 费曼物理学讲义 Ⅲ量子力学 1——量子行为 ［M］. 台北：天下文化书坊,2006.

［97］ von Neumann John. Mathematical Foundations of Quantum Mechanics［M］. Princeton University Press,2005.

［98］ Zurek Wojciech. Quantum Darwinism, Classical Reality, and the randomness of quantum jumps ［J］. Physics Today,2014,67(10)：44 – 45.

［99］ Cohen – Tannoudji Claude,Diu Bernard,Laloë Frank. Quantum Mechanics Ⅰ［M］. 2nd ed. New York：John Wiley & Sons,1997.

［100］ Zettili Nouredine. Quantum Mechanics：Concepts and Applications［M］. John Wiley & Sons,2009.

［101］ Briggs Asa. The Age of Improvement［M］. 2nd ed. Longman,2000.

［102］ Mann Michael. The Sources of Social Power［M］. Cambridge University Press,1986.

［103］ 课程教材研究所. 在"活动与探究"中学习"大河流域——人类文明的摇篮"［EB/OL］. 北京：人民教育出版社,2010［2013 – 11 – 13］.

［104］ 中华世纪坛世界艺术馆,宾夕法尼亚大学考古和人类学博物馆. 美索不达米亚文明 ［M］. 北京：文物出版社,2007.

［105］ 王德昭. 西洋通史［M］. 台北：五南图书出版股份有限公司,1989.

［106］ Zienkiewicz O C,Taylor Robert Leroy,Zhu J Z,Nithiarasu Perumal. The Finite Element Method ［M］. 6th ed. Butterworth – Heinemann,2005.

［107］ Bakhvalov N, Panasenko G. Homogenization：Averaging Processes in Periodic Media［M］.

Kluwer,1989.

[108] Kozlov M,Oleinik O A. Homogenization of Differential Operators and Integral Functionals[M]. Springer,1994.

[109] Nahin Paul J. Oliver Heaviside:the life,work,and times of an electrical genius of the Victorian age[M]. JHU Press,2002.

[110] Buchwald Jed Z. The creation of scientific effects:Heinrich Hertz and electric waves[M]. University of Chicago Press,1994.

[111] Crease Robert. The Great Equations:Breakthroughs in Science from Pythagoras to Heisenberg [M]. W W Norton Company,2009.

[112] Baigrie Brian. Electricity and magnetism:a historical perspective illustrated,annotated[M]. Greenwood Publishing Group,2007.

[113] Griffiths David J. Introduction to Electrodynamics[M]. 3rd ed. Prentice Hall,1998.

[114] Carver A Mead. Collective Electrodynamics:Quantum Foundations of Electromagnetism[M]. MIT Press,2002.

[115] Hartemann Frederic V. High – field electrodynamics[M]. CRC Press,2002.

[116] Yang Fujia,Hamilton Joseph H. Modern Atomic and Nuclear Physics[M]. World Scientific Publishing Company,2010.

[117] Boyer Paul S,Dubofsky Melvyn. The Oxford Companion to United States History. Oxford University Press,2001.

[118] Alpher R A,Herman R C. Evolution of the universe. Nature,1948,162:774 – 775.

[119] Nakamura T. Proceedings of the Sixth Marcel Groβmann Meeting on General Relativity. World Scientific Publishing Company,1992.

[120] Arnold V I. Mathematical Methods of Classical Mechanics. Springer,1989.